DER BETRIEB VON GENERATORÖFEN

MIT EINEM ANHANG:

DAS KESSELHAUS

AUS DER PRAXIS FÜR DIE PRAXIS

VON

DIPL.-ING. DR. R. GEIPERT

BERLIN

MIT 14 ABBILDUNGEN IM TEXT

ZWEITE, ERGÄNZTE AUFLAGE

MÜNCHEN UND BERLIN 1921
DRUCK UND VERLAG VON R. OLDENBOURG

Herrn Generaldirektor E. KÖRTING

gewidmet

vom Verfasser.

Inhaltsverzeichnis

Einleitung.

Bekanntlich wird Wärme um so schneller übertragen, je größer das benutzte Temperaturgefälle ist. In Verbindung damit erhöht sich die Leistung der Heizungsanlage unter Ersparnis an Tilgung und Verzinsung. Besonders bei Glühvorgängen wird man sich daher stets für möglichst hohe Heiztemperaturen entscheiden, soweit sie mit Rücksicht auf den Glühvorgang und die Haltbarkeit der Ofenausmauerung zulässig sind.

Es ist aber mit höheren Temperaturen leicht ein größerer Wärmeverlust verbunden, weil die Verbrennungsgase, genannt Rauchgase, unter Umständen heißer als sonst zum Schornstein ziehen. Vermieden oder herabgesetzt wird dieser Nachteil durch Beachtung einer möglichst theoretischen Verbrennung, ferner durch geeignete Abstufung der Temperatur im Ofenraum bei angepaßter Verteilung des Brennguts und schließlich durch Ausnutzung der den Ofen mit den heißen Rauchgasen und dem Brenngute verlassenden Wärme. Solche Abstufung der Temperatur zeigt beispielsweise die stehende Retorte der Gasanstalten; sie ist im unteren hocherhitzten Teil weit, im oberen schwach erhitzten eng. Infolge dieser Anordnung wird die mit den Rauchgasen abziehende Wärme ermäßigt, dabei aber die in den Retorten befindliche Kohle an allen Stellen gleichzeitig ausgegast. Die Abwärme der Rauchgase wird dann noch zur Vorwärmung der Verbrennungsluft benutzt. Bei den Ring- und Drehrohröfen der chemischen Industrie trocknen die heißen Abgase das Brenngut und wärmen es vor. Der Wärmeinhalt des glühenden Brennguts wird bei letzteren Ofenarten an die Verbrennungsluft übertragen.

Mit der höheren Temperatur können auch die Wärmeverluste durch Strahlung und Leitung des Ofens steigen.
Dies geschieht aber vielfach nur in der Zeiteinheit und nicht
auch im Verhältnis zur Menge des Brennguts, das schnell
durchglüht wird und dadurch eher als sonst den Ofen verläßt.
Sorgfältiger Wärmeschutz des Ofens ist stets zu empfehlen.

Das Streben nach Ersparnis an Brennstoff bei ausgiebiger
Leistung der Anlage beherrscht jeden gutgeleiteten Betrieb.
Aber auch bei zweckmäßigen Ofenanlagen stellt
sich der Erfolg nur ein bei verständiger Behandlung der Öfen.

Hierfür eine Anleitung zu geben, ist die Aufgabe dieser
Schrift.

Sie wendet sich nicht nur an den Akademiker sondern
an jeden, der mit dem Ofenbetrieb zu tun hat. Damit ist
die Form der Darstellung vorgezeichnet. Sie soll leicht verstanden werden, wenigstens in ihren praktischen Erläuterungen. Wie diese zeigen, genügen meist einfache
Beobachtungen, um einen Ofen richtig zu betreiben.
Es folgt dem praktischen Teil ein rechnerischer Abschnitt,
um die Richtigkeit der Anweisungen zu beweisen.

Für die Beschreibung ist eine Vorlage nötig. Dafür dürfte
am besten der mit Generatorgas beheizte Rekuperativofen
dienen, der in der Industrie in verschiedenen Arten weit
verbreitet ist. Was über ihn gesagt werden wird, läßt sich ohne
weiteres auf andere Ofensysteme übertragen.

Der Einfachheit halber sei angenommen, daß der Generator
mit Koks beschickt wird. Bekanntlich ist dafür außerdem
jeder andere feste Brennstoff, wie Steinkohle, Braunkohle oder
Torf geeignet. Aber auch in diesen Fällen entsteht das Generatorgas aus Koks. Diese Auffassung wird verständlich, wenn
man die Temperaturverteilung im Generator betrachtet. Der
untere Teil seiner Beschickung ist hochglühend, der obere
wesentlich kühler. Der in den Generator gefüllte Brennstoff
gelangt zunächst in die mäßig heiße Zone und gibt darin
seine flüchtigen Teile ab. Was in den hochglühenden Teil
übergeht, ist Koks. Für dessen Verhalten ist es gleichgültig,

ob er auf diese Weise zustande kommt oder in Gasanstalten oder Kokereien besonders erzeugt wird. Das Generatorgas entsteht nur im hochglühenden Teile, es mischt sich mit den flüchtigen Bestandteilen des darüber liegenden Brennstoffes und enthält beispielsweise bei Verwendung von Steinkohlen bis zu 10% Kohlengas.

Der Generatorofen.

Generatoröfen werden überall da benutzt, wo hohe Temperaturen von großer Gleichmäßigkeit erzielt werden sollen; sie haben den besonderen Vorteil, daß sich die Hitze durch entsprechende Einrichtungen im Ofenraum nach Bedarf bequem verteilen läßt. Der Brennstoff wird zunächst in ein brennbares Gas, das Generatorgas, übergeführt, das an die Verbrauchsstelle geleitet und dort mit Luft verbrannt wird.

Dementsprechend besteht ein Generatorofen 1. aus dem Gaserzeuger oder dem Generator und 2. dem Ofen, in dem das Heizgas verbrannt wird. Zu diesen Abteilungen gesellt sich noch 3. die Rekuperation, die die Wärmeausnutzung der heißen Rauchgase bezweckt (Abb. 1).

1. Der Generator.

Generatorgas ist leicht zu erzeugen; es entsteht in dauerndem Strom, wenn Luft durch eine hohe, glühende Koksschicht geleitet wird. Zunächst scheint ein solcher Vorgang nicht möglich zu sein, weil bei der Vereinigung von Koks und Luft, d. h. der Verbrennung des Kokses, erfahrungsgemäß Kohlensäure entsteht, die nicht mehr brennbar ist. Wenn trotzdem ein brennbares Gas den Generator verläßt, so liegt das an der Eigenschaft der Kohlensäure, sich mit glühendem Koks zu brennbarem Kohlenoxyd umzusetzen.

Die Bedingungen hierfür sind im Generator vorhanden. Er ist bekanntlich ein Schacht aus feuerfesten Steinen, unten mit einem Roste abgeschlossen, auf dem im Betrieb mindestens 1 m hoch glühender Koks liegt. Die durch den Koks hindurchtretende Luft vereinigt sich mit dem Koks, den sie zuerst trifft, zu Kohlensäure, bildet also Rauchgas. Letzteres ist sehr heiß und durchzieht die oberen Koksschichten, die es dauernd in helle Glut versetzt. Gleichzeitig mit der Abgabe von Hitze an die oberen Koksschichten vollzieht sich in ihnen die Umwandlung der in dem Rauchgase vorhandenen Kohlensäure zu brennbarem Kohlenoxyd, und zwar um so vollständiger, je höher die Temperatur im Generator ist und je länger sich Kohlensäure und Koks berühren.

Dieser Vorgang ist von großer Wichtigkeit. Er tritt nicht nur da auf, wo er erstrebt wird, nämlich im Generator, sondern bei jeder Feuerung, bei der der entstandenen Kohlensäure Zeit genug bleibt, sich mit dem glühenden Brennstoffe umzusetzen.

Die blauen Flammen, die bei Zimmeröfen, Dampfkesselfeuerungen usw. über der Brennstoffschicht erscheinen, rühren ebenfalls von stellenweise entstandenem und nachträglich wieder verbrennendem Kohlenoxyd her.

Obwohl nun Kohlenoxyd, das auch kurz »Oxyd« genannt wird, aus Kohlensäure ziemlich leicht entsteht, so ist es doch in Wirklichkeit nicht möglich, die Kohlensäure restlos in Kohlenoxyd überzuführen. Sie setzt sich nämlich nur langsam mit Kohlenstoff um. Deshalb bleibt stets noch Kohlensäure unzersetzt, deren Menge abhängig vom Bau und Betriebe der Generatoren ist. Querschnitt und Höhe der Generatoren sind so zu bemessen, daß die Gase im Generator eine bestimmte Geschwindigkeit nicht überschreiten und stets, und zwar auch nach dem Abschlacken eine genügend hohe, lebhaft glühende Koksschicht vorfinden. Damit die durch den Bau des Generators vorgesehene Brennschichthöhe erhalten bleibt, ist der Generator recht häufig und regelmäßig nachzufüllen. Ferner ist einer übermäßigen Anhäufung von Schlacke vorzubeugen.

Die Beseitigung der Schlacke ist verschieden nach der Art der Roste. Meist sind die Generatoren mit Plan- oder Treppenrosten oder einer Vereinigung beider ausgestattet.

Ein Planrost ist ein Gitter aus starken Eisenstäben, das in den unteren Teil der Generatoren eingebaut ist und den

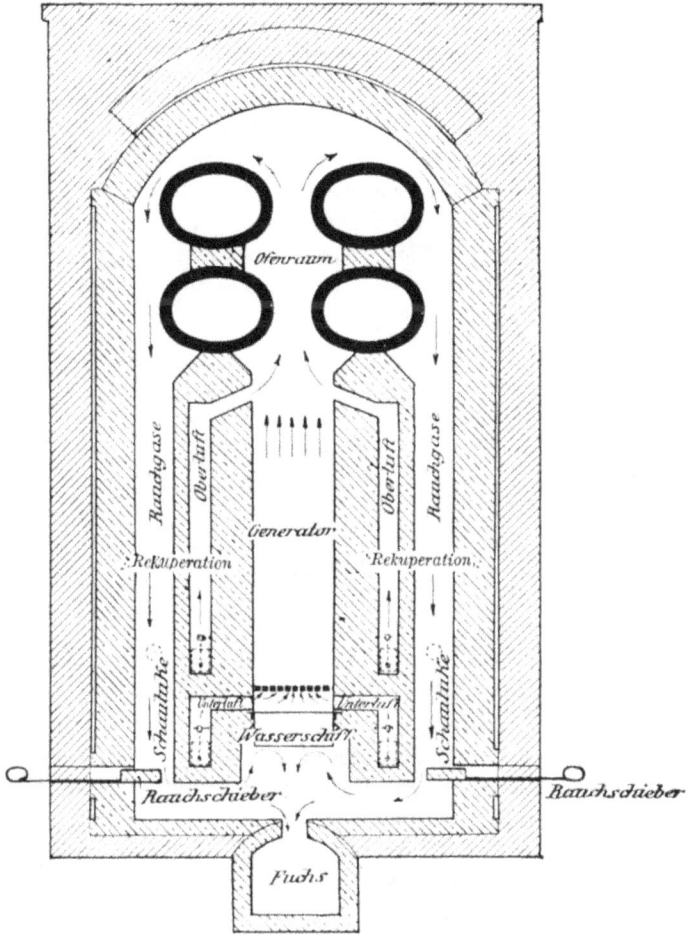

Abb. 1.

Koks trägt. Zum Entfernen der Schlacke wird reichlich
50 cm über dem Roste ein Notrost geschaffen dadurch, daß
Eisenstangen durch den Notrostschlitz hindurch in den Generator eingeschoben werden, bis sie in einer in der Hinterwand
des Generators vorgesehenen Vertiefung aufliegen. Wie der
Hauptrost, so muß auch der Notrost eng genug sein, damit
kein Koks hindurchfallen kann. Der Raum zwischen beiden
Rosten wird dann entleert. In der hohen Glut des Generators
aber werden die Notroststäbe bald zerstört. Deshalb werden
sie mit Vorteil durch Rohre ersetzt, die von Wasser durchflossen werden. Eine solche Anordnung zeigt Abb. 2. In

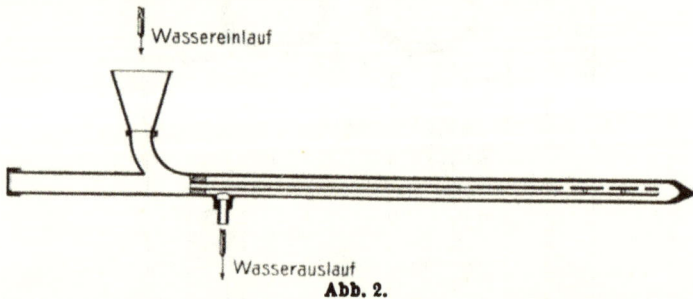

Abb. 2.

ein weites zugespitzes, schmiedeeisernes Rohr von beispielsweise 42 mm äußerem und 32 mm innerem Durchmesser ist
ein enges, in geeigneter Weise mehrfach durchlochtes Rohr
eingeführt. Das Kühlwasser fließt durch einen Trichter in das
enge Rohr ein, durch das weite zurück und in eine Mulde ab,
die unter dem Notrostschlitz liegt. Die Notrostrohre sind
schnell in den Generator einzuführen, damit sie dabei nicht
glühend werden; etwa hinderliche Schlacken sind vorher
mit der Brechstange zu zertrümmern. Jedes eingeschobene
Rohr erhält sofort Wasser. Die wassergekühlten Roste müssen
entweder wagrecht liegen oder besser noch gegen die Rück-
wand des Generators etwas geneigt, um das Kühlwasser bis
zur Spitze des Rostes vordringen zu lassen.

Häufigkeit und Dauer des Abschlackens hängen von der
Menge des verfeuerten Brennstoffes und seinem Aschegehalt

ab, ferner von der Beschaffenheit der Schlacke, dem Querschnitt des Generators und der Entfernung des Absteckrostes vom Planrost. Nicht unwesentlich ist auch, daß die Schlacke über dem Rost ziemlich gleichmäßig anwächst; nötigenfalls ist dies durch Verteilerbleche unter oder vor dem Roste zu veranlassen.

Der Rost wird abgeschlackt, wenn die Schlacke beginnt, über die Notrostöffnung hinauszuwachsen.

Außer dem gründlichen Abschlacken kennt man noch das sogenannte »Aufbrechen« des Rostes. Es besteht darin, daß durch Brechstangen oder Schürhaken die Schlacke gelockert und soweit möglich beseitigt wird. Dieses »Aufbrechen« ist besonders am Platze, wenn bei geöffneten Unterluftschiebern (s. folgenden Abschnitt) nicht genügend Generatorgas entsteht und die Schlacke noch nicht bis zur Notrostöffnung angewachsen ist. Wollte man dann schon abschlacken, so würde mit der Schlacke zu viel Koks verloren. Das »Aufbrechen« des Rostes, das wenig Zeit beansprucht, erleichtert den Durchgang der Luft und läßt das Abschlacken hinausschieben.

Die zweckmäßigste Behandlung des Rostes wird durch den Versuch ermittelt. Beispielsweise kann es sich empfehlen, einen Planrost alle 12 Stunden »aufzubrechen« und alle 48 Stunden abzuschlacken. Das »Aufbrechen« kann aber auch häufiger erfolgen und dafür das Abschlacken seltener. Maßgebend ist, daß sich dadurch bei ausreichendem Generatorgas der Arbeitslohn ermäßigt und ebenso die Menge des der ausgeräumten Schlacke beigemischten Kokses. An letzterem läßt sich sparen, wenn, soweit leicht möglich, schon beim Abschlacken die gröbsten Koksstücke beiseite gelegt werden. Da bei offenen Generatortüren besonders viel Generatorgas entsteht, das im Ofen nicht verbrennt, beschleunige man jedes Schlacken und schließe die Generatortüren bei jedem Abkarren der Schlacke sofort. Vor jedem Abschlacken ist der Generator zu füllen, damit er nachher noch bestimmt genug Brennstoff enthält.

Der Treppenrost ist eine treppenförmige Anordnung starker Eisenplatten. Zur Beseitigung der Schlacke genügt das »Aufbrechen«. Es wird ziemlich häufig, etwa alle 8 Stunden, vorgenommen; daher wächst die Schlacke nicht hoch an. Ein Abschlacken des Treppenrostes mit Hilfe von Notroststäben, wie man es beim Planrost kennt, ist daher entbehrlich. Beim »Aufbrechen« des Treppenrostes kann leicht Koks zwischen den Rostplatten hindurchfallen. Es kann sich daher empfehlen, eine Absteckgabel zu verwenden, die über der zu säubernden Rostlücke eingeführt wird.

Beim Abschlacken wird häufig mit den Schlacken mehr Brennstoff ausgeräumt, als sich bei gutem Willen vermeiden ließe. Hierüber belehrt ungefähr schon ein Blick auf die Schlackenhalde, sicher die chemische Untersuchung des Schlackefalles auf Asche und Brennbares. Aus diesen Bestandteilen der Schlacke läßt sich der mit ihr verloren gehende Brennstoffanteil berechnen. Zum Beispiel werde ein Koks mit 12% Asche verfeuert und eine Schlacke mit 70% Asche und 30% brennbaren Teilen erhalten. Die Asche des Brennstoffes gelangt unverändert in die Schlacke. Auf 12 kg Asche, die sich in 100 kg Koks befinden mögen, werden dann $\frac{30 \cdot 12}{70} = 5,14$ kg brennbare Teile verloren. Bei 88% Brennbarem im Koks entsprechen sie $5,14 : 0,88 = 5,8$ kg Koks. Im angenommenen Falle werden somit 5,8% von dem dem Generator zugeführten Koks mit der Schlacke ausgeräumt. Zusammengezogen lautet die Gleichung $\frac{12 \cdot 30}{70 \cdot 0,88} = 5,8\%$.

Die Abb. 3 zeigt diese Brennstoffverluste. Sie lassen sich ermäßigen durch Aussuchen des Schlackekokses; es kann in einfacher Weise mit Hilfe einer Gabel von etwa 20 mm Zinkenweite geschehen.

Plan- und Treppenroste sind zu kühlen, damit sie nicht glühend werden und sich nicht verbiegen. Hierzu dient Dampf, der durch die Abhitze der Rauchgase kostenlos erzeugt werden kann und auf den Rost gleichmäßig zu verteilen ist, am besten in inniger Mischung mit der Unterluft. Für die Erzeugung des Dampfes sollte enthärtetes Wasser benutzt werden, da sich sonst die Verdampfer bald mit Kesselstein belegen und ihre Leistung sehr nachläßt. Für Treppenroste

kann zur Kühlung auch Wasser dienen, das auf den Rost
geträufelt oder ihm zerstäubt zugeführt wird. Das Wasser
verdampft dabei auf dem Roste.

Der Wasserdampf strömt mit der Luft in die glühende
Füllung des Generators. Er bleibt darin nicht unverändert,
sondern wird, wie auch die Kohlensäure, zerlegt und läßt ein

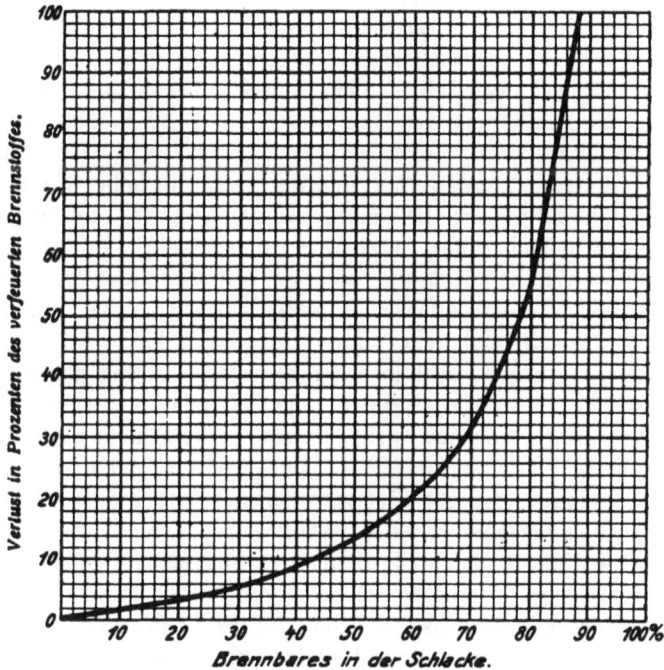

Abb. 3. Brennstoffverluste in der Haldenschlacke.

Gemisch von Kohlenoxyd und Wasserstoff, nämlich Wassergas, entstehen. Die Umsetzung des Wasserdampfes mit
glühendem Kohlenstoff braucht Wärme, die dem Generator
entzogen wird. Seine Füllung kühlt sich daher ab; das Generatorgas verläßt deshalb den Génerator mit niedrigerer Temperatur als sonst mit dem Vorteil, daß das kühlere Generatorgas weniger Wärme durch Leitung und Strahlung verliert
als das heiße. Die Temperaturermäßigung hat ferner meist

den Nutzen, daß die Schlacke weniger stark verbackt als ohne
Dampfzufuhr, daß sie mürbe wird und sich leichter und mit
geringeren Koksverlusten entfernen läßt. Die für die Zer-
legung des Wasserdampfes im Generator aufgewendete Wärme
wird bei der Verbrennung des Wassergases im Ofen wieder
gewonnen.

Aber nicht aller Wasserdampf wird in Wassergas übergeführt; er bleibt um so mehr unzersetzt, je mehr Wasserdampf dem Generator zuströmt. Zur Zermürbung der Schlacke
genügen meist etwa 0,6—0,8 kg Dampf auf 1 kg Brennstoff.
(Über die Ermittlung der Dampfmenge s. S. 67 u. 105; vgl.
auch S. 52.)

Das Generatorgas verläßt den Generator mit hoher Temperatur, hat also eine beträchtliche Eigenwärme, die einen
erheblichen Teil seines Wärmewertes ausmacht. Man wird,
um diese Wärme nicht zu verlieren, den Generator mit der
Verbrauchstelle seines Gases entweder unmittelbar verbinden,
wie es Abb. 1 zeigt, oder durch möglichst kurze und gut
isolierte Leitungen. Auf ihre Dichtheit muß streng geachtet
werden, damit nicht durch eintretende »falsche Luft« Generatorgas vorzeitig verbrannt wird. Hierdurch verschiebt sich die
Temperaturverteilung im Ofen. Man erhält eine kurze, sehr
heiße Flamme, die die Retorten sowohl wie die Brenner-
einrichtung verschmort. Aus dem gleichen Grunde muß der
Generator selbst gleichfalls dicht sein und seine Füllöffnung
gut schließen. Undichte Generatorenwände können auch
Generatorgas in die Rekuperation oder ins Freie treten lassen.

Werden Generatoren mit kaltem Koks beschickt, so ist
beim Öffnen der Generatordeckel eine brennende Lunte zu
benutzen, um explodierbare Mischungen von kaltem Generatorgas und Luft zu vermeiden.

2. Der Ofen.

Im Ofen spielen sich unter dem Einfluß der erzeugten
Hitze die von Fall zu Fall angestrebten Vorgänge ab. Es ist
für unsere Betrachtungen gleichgültig, welcher Art diese Vorgänge sind, ob es sich, wie beispielsweise in Gaswerken, um
die Entgasung von Steinkohlen zum Zwecke der Leuchtgas-

erzeugung handelt oder um sonstige chemische oder physika-
lische Prozesse. Gleichgültig ist ferner die Einrichtung des
Ofenraumes. Uns interessiert hier nur die Erzeugung der Hitze
und die Aufgabe, unter sonst gleichen Verhältnissen mit ge-
ringstem Aufwande an Feuerung die größte Wirkung zu
erzielen. Es wird richtige Verteilung der Hitze sowie
von Oxyd und Luft im Ofen vorausgesetzt, auf die
nicht eingegangen werden kann, weil sie in zahllosen Sonder-
fällen verschieden ist.

Das Generatorgas trifft im heißen Ofenraume mit Luft
zusammen, wo es nach erfolgter Entzündung unter beträcht-
licher Entwicklung von Wärme verbrennt und dem Ofenraume
und dem Brenngute eine von Fall zu Fall verschiedene Temperatur erteilt. Der jeweils nützlichste Hitzegrad ist Sache
der Erfahrung. Ihn durch angepaßte Wärmezufuhr zu wahren,
ist die Aufgabe des Betriebes. Sie wird um so leichter und
besonders wirtschaftlich erfüllt, je gleichmäßiger der Betrieb
ist. Ist mit Schwankungen im Verbrauche des Erzeugnisses
zu rechnen, so paßt sich ihnen der Betrieb oft zweckmäßig
so an, daß ein Teil der Anlage stillgelegt, der andere aber auf
der gewöhnlichen Leistung erhalten wird. Für den im Betriebe
bleibenden Ofen wird alsdann, da die Wärmeabgabe gleich ist,
auch die gleiche Wärmezufuhr verlangt, um seine Temperatur
beizubehalten und dadurch die erstrebten Vorgänge stets in
der nämlichen Weise verlaufen zu lassen.

Wie wird nun eine solche gleichmäßige Beheizung erzielt?

Wir wollen zunächst der Darstellung zwei Begriffe ein-
fügen, nämlich diejenigen der Unterluft und der Oberluft.
Unterluft heißt bekanntlich die zur Erzeugung des Generator-
gases dienende Luftmenge; sie tritt unter den Generatorrost.
Als Oberluft wird die Luftmenge bezeichnet, die in den Ofen-
raum zur Verbrennung des Generatorgases eingeführt wird.
Unterluft und Generatorgas sind miteinander eng verknüpft.
Es entsteht um so mehr Generatorgas, je mehr Unterluft dem
Generator zuströmt.

Es ist aber zu bemerken, daß ein Teil des Generatorgases
vom zugeführten Dampf herrührt, dessen Menge nicht ganz
gleichmäßig ist, ebenso wie die Zusammensetzung des Generator-

gases wechselt, wenn wir nur die Augenblickswerte betrachten. Für die praktische Wirkung des Gases sind jedoch nur die Mittelwerte aus einer gewissen Zeitspanne wichtig, innerhalb deren jene Schwankungen die Temperatur im Ofenraume nicht wesentlich beeinträchtigen. Diese Mittelwerte sind, wenn wir die Behandlung des Generators nicht ändern, im allgemeinen als gleichmäßig anzusehen; wir dürfen daher für praktische Zwecke sagen, daß die erzeugte Menge Generatorgas im Verhältnisse zur Unterluft steht.

Um also eine gleichmäßige Beheizung zu erzielen, wäre es nur nötig, die Menge der Unterluft und damit die des Generatorgases beizubehalten und letzteres im Ofen mit der nötigen Oberluftmenge zu verbrennen. In Wirklichkeit ist dieser Weg, so einfach er zu sein scheint, nicht gangbar. Die Unterluft wird, ebenso wie die Oberluft, mit Hilfe des Schornsteinzuges bzw. Ofenzuges angesaugt und ist bei dessen gleicher Stärke von dem Widerstande abhängig, den sie selbst sowie die aus ihr entstehenden Gase auf dem Wege durch den Generator nach dem Schornsteine finden. Der Widerstand wechselt im Generator stetig, weil er abhängig ist von der Menge und Beschaffenheit der Schlacke und der Stückigkeit des Kokses, die dauernden Änderungen unterliegen. Diesen entsprechend ändert sich die Menge der Unterluft und des Generatorgases ebenfalls. Ihre Gleichmäßigkeit ist nur auf einem Umwege über die Oberluft zu erreichen.

Die Oberluft und die aus ihr erzeugten Rauchgase treffen stets auf die gleichen Widerstände im Ofen. Somit läßt sich die Oberluftmenge gleichmäßig erhalten. Hiermit ist aber auch die Möglichkeit gegeben, dem Ofen gleichmäßige Wärmemengen zuzuführen. Auf jedes Kubikmeter Oberluft nämlich, dessen Sauerstoff vom Generatorgas aufgezehrt wird, wird die gleiche Wärme entwickelt.

Zur gleichmäßigen Beheizung eines Ofens ist ihm also stets die gleiche Oberluftmenge zuzuführen. Durch Beibehaltung der Weite der Oberluftschieber und des Ofenzuges ist dies leicht zu erreichen. Alsdann ist dem Ofen durch Öffnen oder Schließen der Unterluftschieber soviel Generatorgas zuzumessen, daß die Oberluft eben abgesättigt wird.

Weder soll ein wesentlicher Überschuß an Generatorgas bestehen, noch ein solcher an Oberluft.
Die Prüfung darauf, ob dieser Zustand erreicht ist,
verlangt besondere Aufmerksamkeit und ist für den
Feuerungsverbrauch und Temperaturzustand des
Ofens geradezu entscheidend. Überschuß an Generatorgas, das ja den Brennstoff selbst bedeutet, bringt besonders
große Wärmeverluste. Wechselnder Mangel an Generatorgas dagegen sättigt die Oberluft nicht ab und läßt im Ofen
weniger Wärme entstehen als der zugeführten Oberluftmenge
sonst entspräche. Die Beheizung wird dadurch ungleichmäßig und außerdem Wärme durch den ungesättigten Teil der
Oberluft nutzlos zum Schornstein geführt (vgl. S. 58).

Ein einfaches Mittel zur Prüfung auf einen Überschuß
an Generatorgas gibt die bekannte Tatsache, daß das an sich
farblose Generatorgas infolge seines Kohlenoxydgehaltes mit
blauer Flamme brennt. Die Rauchgase werden also eine blaue
Farbe zeigen, wenn sie Kohlenoxyd enthalten und es durch
Luftzufuhr verbrannt wird.

Die Erscheinung tritt nicht unter allen Umständen mit
der gleichen Schärfe auf und läßt sich am besten beobachten,
je niedriger die Temperatur der Rauchgase ist. Deshalb stellt
man die Beobachtung nicht im höcherhitzten Ofenraume,
sondern in der kühleren Rekuperation an, und zwar da, wo
deren Temperatur noch eben hoch genug ist, um die Entzündung etwa vorhandenen Kohlenoxyds mit Luft erfolgen
zu lassen. Es zeigt sich am »Blaustich« der Rauchgase dann
schon in Spuren an. Mit steigender Temperatur dagegen
wird die Blaufärbung immer undeutlicher und hört schließlich auf.

Die Luft strömt von außen durch eine kleine Öffnung
von etwa 1 bis 1½ cm Durchmesser nach Abb. 4 den Rauchgasen dauernd zu. Durch die enge Öffnung und zeitweise
auch bei abgenommener Schauluke, die am Anfang des Be-
obachtungskanals liegen muß, wird gleichzeitig die Farbe
der Rauchgase betrachtet. Sind sie blau, enthalten sie somit
Kohlenoxyd, so vermindert man die Erzeugung des Generatorgases durch Drosselung der Unterluftschieber. Man geht

damit so weit, bis die blaue Farbe der Rauchgase eben ver-
schwindet. Ein wesentlicher Überschuß an Kohlenoxyd kann
deshalb leicht vermieden werden.

Umgekehrt besteht Mangel an Unterluft und daher auch
an Generatorgas, wenn die Rauchgase bei Luftzutritt farblos
bleiben. In diesem Falle werden die Unterluftschieber etwas
geöffnet, um das Generatorgas zu vermehren.

Die Rauchgase sollen aber nicht nur in der Rekuperation,
sondern schon vor dem Verlassen des Ofenraumes

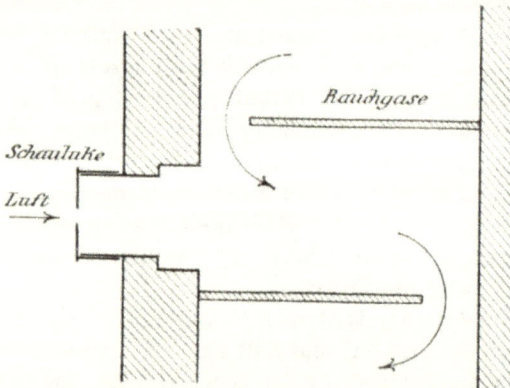

Abb. 4. Vorrichtung zur Beobachtung der Rauchgase.

richtig zusammengesetzt sein. Hierfür gewährt der in der
Rekuperation beobachtete »Blaustich« nur dann einen Anhalt,
wenn die an der Beobachtungsstelle der Rekuperation herrschende Temperatur gleichzeitig berücksichtigt wird. Der
Blaustich führt nämlich zu falschen Schlüssen, wenn das
überschüssige Kohlenoxyd der Rauchgase durch die Undichtheiten der Rekuperation verbrennt, noch bevor es an die
Schauluke gelangt. An ihr läßt sich dann oft kein Kohlenoxyd mehr feststellen, trotzdem es im Ofen im Überschuß
vorliegt. Wollte man hierbei die Unterluftschieber öffnen,
so würde der Generatorgasüberschuß im Ofen nur nutzlos
vermehrt und die Nachverbrennung in der Rekuperation gesteigert. Das Ergebnis wäre eine hohe Temperatur der
Rekuperation, der ein wesentlicher Wärmeverlust ent-

spräche. In diesem Falle wird an Stelle des Blaustiches der Rauchgase die Temperatur und ihre Verteilung in der Rekuperation zum Merkmal für die Zusammensetzung der Gase im Ofen. Durch Übung und Erfahrung ist festzustellen, welche Temperatur die Rekuperation hat, wenn die Gase im Ofen richtig zusammengesetzt sind. Die Stellung der Unterluftschieber und somit die Generatorgaserzeugung wird dann nach dieser Temperatur und ihrer Verteilung geregelt. Die Undichtheiten in der Rekuperation dürfen natürlich nur gering sein (s. folgenden Abschnitt).

Zur Ermittlung der Zusammensetzung der Feuergase dient auch die später beschriebene Gasanalyse. Für die laufende Betriebsüberwachung ist sie meist zu umständlich. Sie ist jedoch stets heranzuziehen, wenn sich Zweifel darüber einstellen, ob die aus der Farbe und der Temperatur der Rauchgase beurteilte Zusammensetzung auch zutrifft.

Hohe Temperatur in der Rekuperation braucht aber nicht lediglich die eben beschriebene Ursache zu haben, sondern kann auch dadurch veranlaßt sein, daß Generatorgas und Luft im Ofen mangelhaft gemischt oder ungleichmäßig verteilt sind. Letzteres ist der Fall, wenn etwa der eine Heizkanal einen großen Überschuß an Luft, der andere an Generatorgas hat. Luft und Generatorgas vereinigen sich dann oft erst in der Rekuperation und erhitzen sie an Stelle des Ofens. Zur Beseitigung ist die Gas- und Luftverteilung im Ofen zu ändern.

Drosselung und Öffnung der Unterluftschieber ermöglichen es also, die Änderungen des Widerstandes im Generator auszugleichen und dadurch die Zusammensetzung der Rauchgase beizubehalten. Durch einige Übung wird erreicht, daß das Rauchgas dauernd 18 bis 20% Kohlensäure enthält, also nahezu die theoretisch mögliche Menge. Dann haben wir, sofern der Zug hinter dem Ofen eingehalten wird, stets die gleiche Oberluftmenge und die gleiche Menge Generatorgas, somit bei deren Vereinigung dieselbe Wärmeentwicklung im Ofen.

Dadurch wird auch eine gleichbleibende Ofentemperatur erzielt, weil der Wärmeverbrauch gewöhnlich derselbe ist. Manchmal aber ist der Betrieb nicht so gleichmäßig, daß diese

Bedingung restlos erfüllt wird. In Gaswerken sind beispielsweise die verschiedene Nässe der Kohlen und das Gewicht der Füllung für die zur Entgasung der Kohlen nötige Wärmemenge von Belang. Deren Änderung wirkt natürlich auf die Ofentemperatur zurück. Die Ofentemperatur ist nach Höhe und Verteilung sorgfältig zu beobachten. Zeigt sie Schwankungen, so ist nur der Ofenzug ein wenig zu ändern, um hierdurch die Wärmezufuhr dem Wärmeverbrauche anzupassen und die Ofentemperatur unverändert zu erhalten. Richtige Zusammensetzung der Rauchgase ist vorausgesetzt.

Es ist verständlich, daß die einem Ofen zugeführte Wärme bei gleichem Zuge und bei gleicher Oberluftöffnung durch Undichtheiten oder Verstopfungen des Ofens beeinflußt wird. Solche sind, um wieder zum normalen Betriebe zu kommen, stets baldig zu beseitigen. Man muß sich beim Betriebe von Öfen sowie von jeder anderen industriellen Anlage immer bewußt sein, daß ihre sorgfältige Instandhaltung die Vorbedingung des Erfolges ist.

Es handelt sich nun um die weitere Frage, mit welcher Oberluftöffnung und mit welcher Zugstärke ein Ofen bei normaler Leistung zu betreiben ist. Man kann dabei die Oberluftöffnung weit und die Zugstärke niedrig wählen, oder die Oberluftöffnung verringern und die Zugstärke erhöhen und in beiden Fällen zu der gleichen Wärmezufuhr gelangen. Doch sind diese Beziehungen praktisch begrenzt.

Die Zugstärke darf nicht zu sehr herabgesetzt werden, weil sonst die Saugwirkung im Generator nicht genügt, um dessen durch Verschlackung und Kleinkoks veranlaßte Widerstände zu überwinden und ihm die nötige Unterluftmenge zuzuführen. Anderseits ist die Zugstärke nicht übermäßig zu erhöhen, damit die Wirkung der Undichtheiten des Ofens möglichst beschränkt bleibt, die sich um so mehr bemerkbar machen, je höher der Zug ist. Welche Oberluftöffnung und welche Zugstärke unter diesen Gesichtspunkten im Einzelfalle zu wählen sind, muß für die verschiedenen Bauarten der Öfen bei deren erster Inbetriebnahme durch den Versuch ermittelt werden. Man macht die Oberluftöffnung ausfindig, bei der die Generatorgasmenge auch bei halb ge-

schlossenen Unterluftschiebern genügt, um die Oberluft abzusättigen, ohne daß das »Aufbrechen« des Generators allzu häufig
nötig wäre. Alsdann hat der Ofen den Zug zu erhalten, der
für die Erzielung der gewünschten Temperatur erforderlich ist.

Aus dieser Betrachtung ergeben sich für die normale und
gleichmäßige Wärmezufuhr zum Ofen die folgenden einfachen
Vorschriften:

Die Oberluftöffnung bleibt stets die gleiche,

die Unterluft wird auf richtige Zusammensetzung der Rauchgase häufig eingestellt,

die Zugstärke, die zweckmäßig in der Rekuperation kurz vor den Rauchschiebern gemessen wird,
wird konstant erhalten und oft nachgeprüft.

3. Die Rekuperation.

Die Rauchgase sind beim Verlassen des Ofenraumes gewöhnlich sehr heiß, besitzen also einen beträchtlichen Wärmeinhalt, der durch Übertragung an die Ober- und Unterluft
zweckmäßig nutzbar gemacht wird. Anordnungen hierfür
sind die Rekuperation und die Regeneration. Die Rekuperation
ist die gebräuchlichere; sie besteht im einfachsten Falle aus
zwei eng aneinander liegenden Kanälen; im einen ziehen die
Rauchgase zum Schornsteine, der andere Kanal führte die Verbrennungsluft den Rauchgasen entgegen zum Ofen. (Abb. 1.)
Letztere erhitzt sich hierbei beträchtlich, indem sie aus den
Rauchgasen Wärme aufnimmt. Dies entspricht einem Wärmegewinn, der um so größer ist, je weniger sich die Temperatur
der erhitzten Verbrennungsluft von derjenigen der Rauchgase
unterscheidet. Der Betrieb besitzt keinen Einfluß auf den
Wirkungsgrad der Rekuperation, der nur von ihrer Bauart
abhängt, wenn sie sich im guten Zustande befindet. Dieser
ist gegeben, wenn sie dicht ist.

Der durch Undichtheiten der Rekuperation verursachte
Nachteil besteht darin, daß zu den Rauchgasen »falsche
Luft« tritt: Sie setzt den Wirkungsgrad der Rekuperation
herab, doch ist dies bei bescheidenem Umfang der Undichtheiten für die Vorwärmung der Ober- und Unterluft unbe-

denklich, weil dafür in den heißen Rauchgasen ein Übermaß
an Wärme zur Verfügung steht. Befinden sich die Undichtheiten oberhalb der besprochenen Beobachtungsluke, so ver-
schleiern sie einen im Ofen herrschenden Generatorgasüberschuß, wie im vorigen Abschnitt erwähnt. Man wird entsprechend dieser Erwägung die Schauluke an der Rekuperation so hoch als möglich anbringen, wenn Bequemlichkeit
und Genauigkeit der Beobachtung der Rauchgase (s. S. 19)
dies gestatten.

Beträchtliche Undichtheiten können aus den Ober- und
Unterluftkanälen soviel Luft in die Rauchkanäle gelangen
lassen, daß für den Ofen nicht mehr genug Verbrennungsluft bleibt und seine Temperatur infolge der damit verbundenen
Verminderung der Wärmeentwicklung stark sinkt.

Undichtheiten werden in der üblichen Weise durch Ab-
schlämmen der Rekuperationswände mit Schamottebrei beseitigt. Die undichten Stellen sind zu diesem Zwecke aufzu-
suchen und ohne weiteres sichtbar, wenn sie sich am äußeren
Mauerwerke befinden. Liegen sie aber in der Scheidewand
zwischen den Rauchgasen und der Verbrennungsluft, so sind
sie nicht leicht zu finden. Man bedient sich zu ihrer Feststellung gewöhnlich der später zu besprechenden Gasanalyse,
durch die die Zusammensetzung der Rauchgase an verschiedenen
Stellen der Rekuperation ermittelt wird.

Dieses immerhin etwas zeitraubende Verfahren, das auch
reichliche Übung erfordert, kann in einfacher Weise umgangen
werden, indem man sich erinnert, daß Generatorgas mit blauer
Flamme brennt. Erzeugen wir also ein Rauchgas, das noch
reichlich Generatorgas enthält, und führen an irgendeiner
Stelle Luft hinzu, so muß nach erfolgter Entzündung an der
Berührungsstelle von Rauchgas und Luft eine blaue Flamme
auftreten. Um den Rauchgasen den nötigen Oxydüberschuß
zu geben, wird die Oberluftöffnung durch Einlage eines Steines
gedrosselt. An dem Teile des Rauchkanals, an dem die Un-
dichtheit vermutet wird, hat man vorher eine Glasscheibe dicht
eingebaut. Schaut man durch letztere in den Rauchgaskanal
hinein, so erblickt man an dem vorhandenen Risse eine blaue
Flamme, die seine Länge und Breite deutlich erkennen läßt.

Ist die Rekuperation an der zu beobachtenden Stelle schon so weit abgekühlt, daß das Generatorgas sich an der »falschen Luft« von selbst nicht mehr entzündet, so läßt man zu diesem Zwecke neben der Beobachtungsscheibe eine Öffnung frei, durch die man mittels einer brennenden Lunte eine Flamme in den Kanal schlagen läßt, während man die Oxydmenge vermehrt. Die Maßregel ist notwendig, um eine Explosion zu vermeiden. Der Kanal ist alsdann infolge der Zufuhr äußerer Luft und der durch diese hervorgebrachten Verbrennung des Kohlenoxydes von einer großen, blauen Flamme erfüllt. Wird nun die Entzündungsöffnung geschlossen, so bleibt nur die Flamme bestehen, die durch die »falsche« Luft genährt wird und durch die Glasscheibe beobachtet werden kann.

Das beschriebene Verfahren ist allerdings insofern nicht ganz ungefährlich, als es zu Explosionen führen kann, wenn die mit Oxyd überladenen Rauchgase auf ihrem Wege von der Beobachtungsstelle zum Schornsteine mit Luft zusammentreffen, mit der sie bei niedriger Temperatur eine explodierbare Mischung bilden; besteht ein solches Bedenken, so muß man sich natürlich der Gasanalyse bedienen.

In manchen Fällen können zum Aufspüren undichter Stellen auch vergleichende Messungen des Zugabfalles in der Rekuperation von Nutzen sein, wodurch allerdings nur ganz grobe Fehler wahrnehmbar sind. Anderseits wird die Messung des Zugabfalles benutzt, wenn erhebliche Verstopfungen der Kanäle, sei es in der Rekuperation, sei es im Ofen, vermutet werden und festzustellen sind.

Erweist sich die Rekuperation als dicht, ist sie aber trotzdem bei richtiger Zusammensetzung der Rauchgase übermäßig heiß, so liegt die Ursache gewöhnlich an der mangelhaften Mischung oder unrichtigen Verteilung von Luft und Generatorgas im Ofenraume. Reste beider treffen alsdann in der Rekuperation zusammen, wo sie unter erheblicher Wärmeentwicklung verbrennen. (S. 21.) Sehr viel seltener tritt der Fall ein, daß durch undichte Generatorwände Generatorgas unmittelbar in die Rekuperation gelangt; alsdann wäre der Generator auszubessern.

Die Inbetriebsetzung von Öfen.

Die Inbetriebsetzung von Öfen erfolgt stufenweise. Sie gliedert sich in das Anfeuern der Öfen, deren Hochfeuern und den Übergang zum normalen Betriebe. In diesem langsamen Vorgehen äußert sich das Bestreben, einen kalten Ofen nur ganz allmählich auf seine normale Betriebstemperatur zu bringen, damit der Hitze Zeit bleibt, sich im Ofen gleichmäßig zu verteilen. Es darf nicht ein Teil des Ofens hoch erhitzt und der andere verhältnismäßig kalt sein. Ein solcher Zustand würde die infolge der Hitze immer auftretenden Schiebungen des Ofenmauerwerkes ungleichmäßig erfolgen lassen und zur Entstehung von Sprüngen und Rissen führen. Wie schnell ein Ofen angeheizt werden darf, ist Sache der Erfahrung im einzelnen und abhängig von der Bauart der Öfen und deren Größe. Im allgemeinen kann man, wenn die Öfen neu und noch feucht sind, bei großen Anlagen für das Anfeuern drei Wochen, für das Hochfeuern eine Woche und für den Übergang zum normalen Betriebe 2 bis 3 Tage rechnen. Bei Öfen, die schon einmal im Betriebe waren, läßt sich das Anfeuern wesentlich beschränken und auch das Hochfeuern abkürzen.

Beim Anfeuern, bei neuen Öfen auch »Trockenfeuern« genannt, liegt auf dem Roste des Generators eine Koksschicht von höchstens zwei Hand breit Höhe. Der Koks wird nicht durch die Füllöffnung des Generators, sondern schaufelweise durch die Schlackenöffnung hindurch nachgefüllt, damit die Koksschicht auf dem Rost nicht versehentlich zu hoch wird. Durch niedrige Brennstoffschicht will man die Entstehung von Generatorgas vermeiden. Solches würde sich im kalten Ofen nicht entzünden können und mit zutretender Luft eine Mischung bilden, die durch einen Funken, der aus der Feuerung zufällig in den Ofen gelangte, zur Explosion gebracht werden würde. Um eine solche Gefahr bei unachtsamem Nachfeuern auf alle Fälle auszuschließen, führt man über die Koksschicht hinweg äußere Luft. Wir öffnen die Notrosttüren ein wenig. Etwa entstehendes Generatorgas wird dann gleich im Generator verbrannt und gelangt nicht in den Ofen, der nur unverbrennliches Rauchgas erhält. Sind, wie bei Treppenrosten, keine Notrosttüren vorhanden, so müssen beim Bau des Generators an deren Stelle Öffnungen vorgesehen werden, die beim Anfeuern leicht zu gebrauchen sind.

Wie im normalen Betriebe, wird der Schornsteinzug auch beim Anfeuern benutzt, um die Luft in den Generator und die entstandenen Rauchgase durch den Ofen zu befördern. Dies ist ohne weiteres möglich, wenn der Ofen mit einem heißen Schornsteine in Verbindung steht. Ist der Schornstein neu und noch kalt und feucht, so ist er vor dem Anfeuern der Öfen selbst erst langsam auszutrocknen und anzuwärmen durch ein Feuer, das man an seinem Fuße auf einem Notroste unterhält. Dieses Lockfeuer bleibt gewöhnlich noch über das Anfeuern des Ofens hinaus bestehen, bis die Ofengase heiß genug sind, um selbst einen ausreichenden Schornsteinzug zu schaffen.

Den Schornsteinzug bzw. Ofenzug hält man beim Anfeuern möglichst hoch, wie irgend erreichbar. Die Wärmezufuhr wird in diesem Ausnahmefalle durch die Unterluftschieber geregelt. Durch deren Betätigung wird mehr Luft unter den Generatorrost geführt, wenn man die Hitze vermehren, und weniger, wenn man sie herabsetzen will.

Die Hitze wird beim Anfeuern unter stetiger Überwachung ganz allmählich gesteigert. Damit sie zu Anfang nicht durch Unvorsichtigkeit zu hoch wird, was besonders dem Generator schaden würde, wird der Rost zunächst zum größten Teile mit Steinplatten abgedeckt, so daß nur ein kleiner Teil des Rostes glühenden Koks trägt. In der zweiten Woche werden dann die freie Fläche und die Feuerungsschicht erweitert, in der dritten Woche bedeckt man den ganzen Rost mit Koks und läßt ihn lebhaft brennen. Die Temperatur soll dann am Ofeneingange bei eben bemerkbarer Dunkelrotglut angelangt sein. Sie bei niedriger Feuerschicht weiter zu erhöhen, wäre sehr unbequem, weshalb man nun die Feuerungsart ändert.

Das nun beginnende Hochfeuern der Öfen erfolgt statt mit Rostfeuerung mit Generatorgas, das aber nicht, wie sonst, im Ofen, sondern gleich im Generator verbrannt wird. Zur Erzeugung des Generatorgases wird die Koksschicht auf dem Roste erhöht, und zwar so allmählich, daß stets noch Flammen durch den langsam mit der Gabel aufgetragenen Koks hindurchschlagen; entstandenes Generatorgas soll sich an der reichlich bemessenen Luft entzünden können, die über der Koksschicht zunächst durch die Notrostöffnung hindurch in den Generator eingeführt wird. Am besten wirft man den Koks nur halbseitig auf. Es bleibt dann auf einer Seite des Generators immer eine glühende Fläche, die erst mit Koks bedeckt wird, wenn der vorher aufgeworfene Koks völlig durchglüht ist. Ist der aufgetragene Koks beinahe an der Notrostöffnung angekommen, so wird, um diese schließen und die Koksschicht erhöhen zu können, gegenüber der Austrittsöffnung für das Generatorgas eine neue Öffnung in der Stirnwand des Generators geschaffen. Durch diese ziehen wiederum reichliche Luftmengen über den brennenden Koks hinweg, der nun so weit angehäuft wird, bis er etwa ¼ m unter die Austrittsöffnung des Generatorgases heranreicht. Letztere muß unter allen Umständen frei bleiben, ebenso die geschaffene Luftöffnung.

Die Verbrennung des Kokses im Generator wird wie beim Anfeuern mit der Unterluft geregelt, die man, nachdem der Generator in der soeben beschriebenen Weise aufgefüllt wurde, bis auf wenige Millimeter drosselt, damit nicht gleich zu Anfang des Hochfeuerns eine zu starke Hitze im Ofen erzeugt wird. In dem Maße, wie der Ofen heißer werden soll, werden die Unterluftschieber wieder langsam geöffnet. Man hüte sich vor ruckweiser Erhitzung, die in dem Ofen Risse verursachen würde, und brauche zum Anfeuern und Hochfeuern lieber längere als zu kurze Zeit. Die Zugstärke beim Hochfeuern soll möglichst hoch sein, schon um den Auftrieb im Generator zu überwinden, dessen Füllöffnung sonst glühend wird.

Die so behandelten Öfen sollen nach etwa einer Woche am Eintritt der Feuergase helle Rotglut zeigen, die sich gegen den Ausgang etwas abschwächt. Sie können nun mit Generatorgas, dessen Entzündungstemperatur im Ofen vorhanden ist, in der üblichen Weise geheizt werden. Wir sind hiermit in der Lage, den Übergang zum normalen Betriebe vorzunehmen. Dies geschieht dadurch, daß die Oberluftschieber geöffnet werden, wie es für den normalen Betrieb voraussichtlich nötig sein wird. Dann werden die Unterluftschieber fast ganz geschlossen. Undichte Generatortüren sind abzudichten.

Die Oberluft ist nun im beträchtlichen Überschuß. Nach diesen Maßnahmen wird die Luftöffnung in der Stirnwand des Generators gleich zugemauert und letzterer ganz mit Koks gefüllt.

Von diesem Zeitpunkte ab arbeitet der Ofen mit Oberluft und Unterluft und erhält den Zug, der im normalen Betriebe vermutlich gebraucht wird. Der Ofen befindet sich etwa auf dem Temperaturzustand, den wir im nächsten Abschnitt als »schwaches Feuer« kennenlernen werden. In dem Maße, wie sich die Ofentemperatur erhöhen soll, öffnet man wieder die Unterluftschieber. Man vermeidet zunächst einen Überschuß an Generatorgas, solange die Rekuperation noch kalt ist, und beobachtet während dieser Zeit die Farbe der Rauchgase im Ofenraume. Etwaige Risse im äußeren Mauerwerk des Ofenblockes werden beseitigt. Ist die normale Ofentemperatur nahezu erreicht, so greifen die im Abschnitte »Der Ofen« gegebenen Vorschriften Platz.

Die Außerbetriebsetzung von Öfen.

Weitgehende Ofenreparaturen oder mangelnder Verbrauch der Erzeugnisse führen oft zu der Notwendigkeit, Öfen außer Betrieb zu bringen. Man entschließt sich hierzu nur ungern, da das hocherhitzte Mauerwerk der Öfen sowie ihr Einbau beim Erkalten leiden. Um diesen Nachteil möglichst zu beschränken, sind die Öfen recht vorsichtig abzukühlen. Häufig vermeidet man das völlige Erkalten der Öfen, indem man sie auf das sog. »schwache Feuer« bringt und auf diesem Zustande erhält, bis der normale Betrieb wieder beginnen kann.

Unter »schwachem Feuer« wird eine Ofentemperatur verstanden, die wesentlich geringer ist als die normale Betriebstemperatur. Sie muß aber anderseits ausreichen, um Generatorgas und Oberluft sicher zu entzünden. Dies ist bei heller Rotglut der Fall. Werden Glühprozesse hierbei im Ofen nicht vorgenommen, so sind während des »schwachen Feuers« nur die Strahlungsverluste des Ofens zu decken. Sie sind von Fall zu Fall verschieden groß. Es ist also jedesmal zu erwägen, ob der zu ihrer Deckung nötige Feuerungsaufwand den Nachteilen vorzuziehen ist, die das völlige Erkalten des

Ofens und das Wiederanfeuern, das ja auch Brennstoff verschlingt, mit sich bringen. Man wird das »schwache Feuer« nach Möglichkeit überall anwenden, wo es sich nicht um übermäßig lange Betriebsunterbrechungen handelt. Bei normal isolierten Öfen verlangt es wenig Brennstoff, ist auch mit geringer Arbeit verknüpft und schadet einem Ofen wenig oder nichts. Ein besonderer Vorteil ist, daß der Ofen innerhalb 1 bis 2 Tagen wieder auf normale Temperatur gebracht werden kann.

Zur Abkühlung eines Ofens auf den als »schwaches Feuer« bezeichneten Hitzezustand werden die Unterluftschieber fast ganz geschlossen. Infolgedessen wird sehr wenig Generatorgas erzeugt. Es läßt im Ofen eine geringe Wärme entstehen und erteilt ihm eine beliebige Temperatur, die davon abhängig ist, wie weit man die Unterluftschieber noch offen läßt. Die Generatortüren müssen dicht sein. Durch Betätigung der Unterluftschieber· kann dann jeder gewünschte Hitzegrad im Ofen eingestellt werden. Es kann zweckmäßig sein, hierbei dem Ofen von Zeit zu Zeit Brenngut zuzuführen, also etwa in Gaswerken auch die schwach beheizten Retorten weiter mit Kohlen zu beschicken. Entsprechend der niedrigeren Ofentemperatur verlängert sich dann die Glühdauer.

Die normale Temperatur zwecks Rückkehr zum Vollbetriebe wird erzielt, wenn die Unterluft wieder auf richtige Zusammensetzung der Rauchgase eingestellt wird.

Bei dieser Vorschrift ist angenommen, daß während des »schwachen Feuers« die im normalen Betriebe übliche Oberluftöffnung und der Ofenzug beibehalten werden. Man kann aber damit auch zurückgehen, bleibe aber ausnahmsweise für das »schwache Feuer« meist bei einem reichlichen Oberluftüberschusse zur Ermäßigung der Verbrennungstemperatur, da sonst in der Nähe des Brenners Überhitzung eintreten kann. Die Ofentemperatur ist auch während des »schwachen Feuers« sorgfältig zu beobachten.

Ist das völlige Erkalten eines Ofens nicht zu vermeiden, so wird es zweckmäßig durch das »schwache Feuer« eingeleitet. Es soll sich auf einige Tage erstrecken und möglicherweise so lange dauern, bis der Koks im Generator nahezu aufgebraucht ist. Die Ofentemperatur soll dann auf gute Rotglut zurückgegangen sein. Der Generator ist nun schnell gänzlich zu entleeren; alle Öffnungen zum Ofen sind sorgfältig zu schließen und mit Schamottebrei zu verschmieren. Auch werden die Rauchschieber geschlossen. Der Ofen kühlt sich dann nur ın dem Maße weiter ab, als er durch seine Strahlung Wärme verliert. Dies geschieht im allgemeinen so langsam, daß dem Ofen nur ein erträglicher Schaden erwächst.

-Müssen wesentliche Nachteile auch bei solcher Abkühlung ausnahmsweise befürchtet werden, so ist der Ofen nach dem »schwachen Feuer« noch der Behandlung auszusetzen, die wir beim »Hochfeuern« und »Anfeuern« kennengelernt haben. Der Ofen erkaltet dann beliebig langsam.

Bei Gaserzeugungsöfen werden vor dem Erkalten die Retorten ausgraphitiert. Nach dem Entleeren der letzten Retorte werden die Schieber ın den Abgangsröhren für Teer und Gas geschlossen. Die in der Vorlage reichlich hergestellte Tauchung wird öfters nachgesehen, da das Vorlagenwasser verdunsten oder durch undichte Schieber versickern kann. Die Steigrohrdeckel werden nach dem Erkalten des Ofens geöffnet.

Die Temperaturmessung.

Temperaturen werden bis 360° C mit den bekannten Queck-silberthermometern gemessen und bis 700° C mit den gleichen Thermometern, die aber mit Stickstoff oder Kohlensäure unter Druck gefüllt und aus besonders widerstandsfähigem Glase hergestellt sind. Bei höheren Temperaturen bedient man sich der elektrischen und optischen Verfahren. Die Wahl des Instrumentes hängt davon ab, ob man die Temperatur der Flamme oder der erhitzten Fläche messen will[1]). Die Flammentemperatur wird immer höher sein als diejenige der zu erhitzenden Fläche, weil zur Wärmeübertragung ein Temperaturgefälle nötig ist.

Zur Messung der Flammentemperatur bis 1600° C dient das thermoelektrische Pyrometer nach Le Chatelier, hergestellt von W. C. Heraeus, Hanau a. M. (Abb. 5). Es be-

---

[1]) Journal. f. Gasbel. 1908, S. 1096.

steht aus zwei Drähten von verschiedenen Metallen, beispielsweise Platin und Platinrhodium, die an einer Stelle zusammen-
gelötet sind. Wird diese Lötstelle erhitzt, so tritt an ihr eine
elektromotorische Kraft auf, die von der Temperaturhöhe
abhängig ist und deshalb ein Maß für letztere abgibt.

Für den eigentlichen Glühvorgang kommt es weniger
darauf an, wie heiß die Feuergase sind, als vielmehr darauf,
wie hoch sie das Glühgut oder die Ofeneinmauerung
erhitzen. Das Temperaturgefälle zwischen Flamme und
Gut ist verschieden. Deshalb ist auch die Messung der

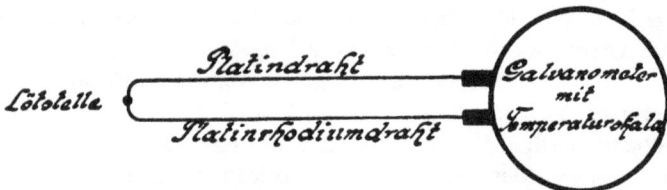

Abb. 5. Thermoelektrisches Pyrometer nach Le Chatelier.

Flammentemperatur im Ofen meist überflüssig; sie würde
auch häufig versagen, etwa bei der Feststellung der Temperaturverteilung in einem langgestreckten Heizraum. Das
nötige thermoelektrische Pyrometer müßte dann so lang sein,
daß es kaum noch zu handhaben wäre. Die Temperatur
der Flamme oder Gase ist aber von Belang, wenn der
Wärmeinhalt der Rauchgase oder der vorgewärmten Ober-
und Unterluft zum Zwecke der Wärmebilanz (S. 70) und
zumal des Schornsteinverlustes (Abb. 12 und 13) ermittelt
werden soll.

Die Temperatur der erhitzten Fläche, also des inneren
Ofenmauerwerkes und des Brenngutes bedarf besonderer
Aufmerksamkeit. Hierbei handelt es sich aber nicht so sehr
um die mittlere Ofentemperatur als um Höhe und Verteilung der Hitze im Ofen. Es darf nicht vorkommen, daß
ein Teil des Ofens überhitzt ist und verschmort, während der
andere nicht heiß genug ist. Gewissenhafte Temperatur-
beobachtungen lassen diesen Schaden, der sehr groß werden
kann, vermeiden und verlängern dadurch die Lebensdauer

des Ofens. Richtig verteilte Hitze von richtiger Höhe führt
auch zu einem besonders vorteilhaften Verlauf des Glühvor-
ganges und erhöht dadurch die Ofenleistung bei gleichzeitiger
Ersparnis an Feuerung. Sorgfältige Temperaturverteilung ist also von vielfachem Vorteil. Zu ihrer zu-
verlässigen Beurteilung ist freilich engste Fühlung mit dem Betriebe nötig und verständiges Eingehen auf seine Wechselfälle.

Die Temperaturverteilung wird an der Flächentemperatur leicht erkannt und gewöhnlich mit dem Auge nach der
Helligkeit der erhitzten Fläche abgeschätzt. Das Verfahren
beruht auf dem Naturgesetze, daß die Strahlung eines
glühenden Körpers mit steigender Temperatur beträchtlich
wächst; es führt bei ausreichender Übung im Einzelfalle zu
vergleichbaren Zahlen von genügender Brauchbarkeit. Sie
lassen aber einen allgemeinen Vergleich nicht zu, weil nicht
jeder gleich schätzt und das Ergebnis auch von den ört-
lichen Verhältnissen abhängt. Von einem hellen Raume aus
wird man die Temperatur in einem Ofen leicht niedriger ein-
schätzen als von einem dunklen aus, und nur weitgehende
Erfahrungen lassen diesen Fehler vermeiden. Um sich über
diese Unsicherheit klar zu werden, braucht man nur etwa
eine Stearinflamme im Sonnenlichte und im Dunkeln betrachten. Sie wird im letzteren Falle wesentlich heller
erscheinen als im ersteren.

Die Temperaturschätzung mit dem Auge wird daher
zweckmäßig durch häufige Prüfungen mit einem genauen
Meßinstrumente für die Flächentemperaturen unterstützt.

Ein solches ist das Wanner-Pyrometer. Es gestattet,
die Helligkeit der erhitzten Fläche nicht nur schätzungsweise
zu ermitteln, sondern dadurch genau festzustellen, daß sie
mit einer im Wanner-Pyrometer angebrachten und stets gleichmäßig beleuchteten Mattscheibe verglichen wird. Aus dem
Befunde, um wieviel heller die beobachtete Fläche als die
normal beleuchtete Scheibe ist, ergibt sich die Temperatur
der ersteren.

Ein Wanner-Pyrometer im Gebrauch zeigt Abb. 6. Wie
das vortreffliche Instrument, mit dem alle über 625° C liegenden Temperaturen schnell und genau gemessen werden können,

im besonderen zusammengesetzt und zu handhaben ist, wird am besten aus den Anweisungen ersehen, die ihm vom Fabrikanten Dr. R. Hase, Hannover, beigegeben werden.

Ein weiteres Mittel zur Temperaturkontrolle sind Segerkegel, vertrieben vom Chem. Laboratorium für Tonindustrie, Berlin. Es sind tonige, zu dreiseitigen Pyramiden geformte Mischungen von verschiedener Zusammensetzung und verschiedenen Schmelzpunkten, nach letzteren in folgende Tabelle eingereiht:

022 —600°	07 a— 960°	9—1280°	29—1650°C
021 —650	06 a— 980	10—1300	30—1670
020 —670	05 a—1000	11—1320	31—1690
019 —690	04 a—1020	12—1350	32—1710
018 —710	03 a—1040	13—1380	33—1730
017 —730	02 a—1060	14—1410	34—1750
016 —750	01 a—1080	15—1435	35—1770
015 a—800	1 a—1100	16—1460	36—1790
014 a—815	20 —1120	17—1480	37—1825
013 a—835	3 a—1140	18—1500	38—1850
012 a—855	4 a—1160	19—1520	39—1880
011 a—880	5 a—1180	20—1530	40—1920
010 a—900	6 a—1200	26—1580	41—1960
09 a—920	7 —1230	27—1610	42—2000
08 a—940	8 —1250	28—1630	

Abb. 7 zeigt drei gebrauchte Segerkegel, von denen Nr. 8 halb geschmolzen ist und die erreichte Temperatur angibt, die in diesem Falle 1250° C beträgt.

Von den Angaben des Le Chatelier-Pyrometers und des Wanner-Pyrometers weichen die mit Segerkegeln ermittelten Werte verschieden weit ab. Dies ist auch natürlich, weil die Segerkegel einige Zeit brauchen, um abzuschmelzen. Sie nehmen deshalb die Flammentemperatur nicht ebenso schnell auf wie das Le Chatelier-Pyrometer. Anderseits kommen sie derselben meist näher als der mit dem Wanner-Pyrometer gemessenen Temperatur der Fläche. Bei Temperaturmessungen mit Segerkegeln ist diesem Gesichtspunkte Rechnung zu tragen, damit das Ergebnis nicht täusche. Besonders vorteilhaft sind Seger-

Abb. 6. Wanner-Pyrometer.

Abb. 7. Segerkegel.

3*

kegel als Sicherheit gegen Überhitzung der Ofeneinmauerung zu verwenden. Die höchst zulässige Temperatur wird mit dem Wanner-Pyrometer ermittelt und alsdann diejenige Segerkegelnummer durch den Versuch festgestellt, die bei geringer Überschreitung dieser Temperatur abschmilzt. In einem bestimmten Falle ließ sich beispielsweise finden, daß Segerkegel Nr. 16 (1460° C) zu benutzen war, wenn die mit dem Wanner-Pyrometer gemessene Flächentemperatur 1370° C nicht überschreiten sollte. Der Segerkegel wurde hierbei ungeschützt aufgestellt, und zwar an der heißesten Stelle des Ofenraumes, an der auch die Messung mit dem Wanner-Pyrometer stattfand. Bei dauernder Temperaturüberwachung mit Segerkegeln sind sie monatlich auszuwechseln.

Die Zugmessung.

Man unterscheidet zwischen Schornsteinzug und Ofenzug. Unter Schornsteinzug wird der im Schornsteine an dessen Fuße herrschende Unterdruck verstanden, unter Ofenzug der in der Rekuperation kurz vor den Rauchschiebern vorhandene Unterdruck.

Wie oben gezeigt wurde, ist bei gleicher Oberluftöffnung und unveränderter Zusammensetzung von Heizgas und Rauchgas für die Wärmemenge, die dem Ofen zugeführt wird, der Ofenzug maßgebend. Er ist also von besonderer Bedeutung und sorgfältig zu überwachen. Es bedarf keines Hinweises, daß er zum Vergleiche stets an der nämlichen Stelle zu messen ist, weil der Unterdruck im Ofen an verschiedenen Stellen verschieden ist entsprechend dem Druckgefälle der strömenden Feuergase und ihrem Auftrieb.

Zur Messung des Ofenzuges, der in Millimetern Wassersäule ausgedrückt wird, dienen Instrumente verschiedener Art. Bei ihrer Wahl entscheidet der jeweilige Verwendungszweck. Es ist beispielsweise zu berücksichtigen, ob der Zugmesser stets am nämlichen Platze bleibt oder von dem Aufsichtsbeamten herumgetragen wird, um an vielen Öfen Messungen vorzunehmen. Ferner ist der Grad der Genauigkeit zu berücksichtigen, der für die Messung von Fall zu Fall verlangt wird.

In letzterer Beziehung sind möglichst weitgehende Ansprüche zu stellen, da der Ofenzug vielfach 10 mm Wassersäule nicht überschreitet und oft erheblich unter diesem Betrage bleibt. Daraus ergibt sich, daß seine Ermittlung einer gewissen Sorgfalt bedarf, wenn die Genauigkeit genügen soll. Der bekannteste Zugmesser ist das U-förmige, mit Wasser gefüllte Glasrohr, bei dem der Unterschied der Wassersäule in beiden Schenkeln ohne weiteres dem Ofenzuge entspricht (Abb. 8, I). Die genaue Abmessung des Flüssigkeitsstandes ist hierbei jedoch nicht ganz leicht. Man hat deshalb den einen Schenkel zum Vorratsgefäße erweitert und den anderen senkrecht oder geneigt angeordnet und liest den Zug nur an letzterem ab. Die Instrumente sind aus Abb. 8, II u. III, ersichtlich. Werden diese Zugmesser mit Wasser gefüllt, so ist zu berücksichtigen, daß unsichtbare Spuren von Fett oder Staub im Meßrohr den Zug um 2 mm und mehr falsch anzeigen lassen. Der Fehler wird vermieden oder herabgesetzt durch Verwendung von Benzol, Alkohol od. dgl. als Füllflüssigkeiten. Nur ist hierbei deren spezifischen Gewichten Rechnung zu tragen.

Ein anderer gebräuchlicher Zugmesser ist der von Seger, verbessert von Dr. Rabe (Abb. 8, IV). Er besteht aus zwei Zylindern, die auf enges U-Rohr aufgesetzt sind. Er wird mit zwei Flüssigkeiten beschickt, die spezifisch verschieden schwer sind und sich im engen U-Rohre berühren. Wird nun durch die Einwirkung des Zuges die Flüssigkeit in den weiten Zylindern um 1 mm verschoben, so verschiebt sich die Berührungsfläche im engen Rohre um 10 mm, falls sich die Querschnitte der Zylinder und des U-Rohres wie 1 : 10 verhalten. Die Ablesung der Zugstärke ist also sehr deutlich. Das Instrument verlangt sorgfältige Herstellung. Seine Genauigkeit wird durch den Unterschied in den spezifischen Gewichten der beiden Füllflüssigkeiten beeinträchtigt. Diesem Umstande hat seine Skala Rechnung zu tragen. Anderseits müssen seine Röhren genau zylindrisch sein, damit das Verhältnis der Querschnitte an jeder Stelle dasselbe ist. Bei der Füllung des Instrumentes wird manchmal gesündigt. Man findet darüber ganz unrichtige Vorschriften, bei deren Befolgung der Zug um mehr als 2 mm falsch angezeigt wird. Die Füllung ist nur

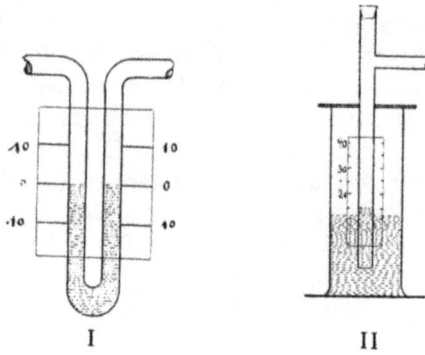

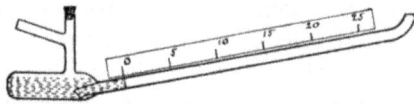

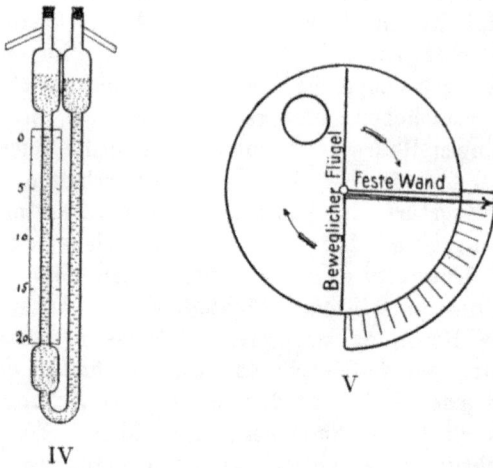

Abb. 8. Zugmesser.

dann richtig, wenn sich die leichtere Flüssigkeit nur in dem Schenkel befindet, der die Skala trägt.

Einen sehr handlichen Zugmesser hat Hudler ersonnen (Abb. 8, V). Er stellt die Wirkung des Zuges auf eine in einem Messinggehäuse schwingend aufgehängte Metallplatte fest, die um so mehr gehoben wird, je höher der Zug ist. Die Metallplatte hat zur Vermeidung von Reibung keine Berührung mit den Gehäusewänden, von denen sie durch einen Spalt getrennt ist. Durch diesen wird während der Messung Luft eingesaugt, was aber die Genauigkeit der Messung nicht beeinflußt, wenn die Weite des Spaltes immer die gleiche ist, das Instrument also vor Verstaubung geschützt wird. Aus dem gleichen Grunde ist der Zugmesser an die zu prüfenden Kanäle durch kurze, weite Rohrstutzen anzuschließen, in denen die angesaugte Luft kein wesentliches Druckgefälle hervorruft. Der Hudlersche Zugmesser ist oft mangelhaft geeicht und weist dann ziemlich große Anzeigeunterschiede auf, die aber seiner Brauchbarkeit keinen Abbruch tun, weil sie sich mit Hilfe der soeben erwähnten Flüssigkeitszugmesser leicht ermitteln und berücksichtigen lassen. Vor letzteren hat der Hudlersche Zugmesser den großen Vorzug, daß er gegen Schlag und Stoß sehr widerstandsfähig und leicht transportabel ist. Er ist deshalb besonders geeignet, den Zug an einer Anzahl von Öfen nacheinander zu prüfen.

Die Gleichmäßigkeit des Ofenzuges wird durch Zugschwankungen beeinträchtigt. Soweit sie sich auf atmosphärische Einflüsse zurückführen lassen, werden sie bequem ausgeglichen durch einen am Fuße des Schornsteines angebrachten, leicht beweglichen Hauptschieber, der gestattet, den Zug im gemeinsamen Fuchs der Öfen konstant zu halten.

Die Gasanalyse.

Die Analyse eines Gases befaßt sich mit der Messung seiner Einzelbestandteile. Sie werden aus dem Gase mit verschiedenen Mitteln nacheinander entfernt und hierbei gleichzeitig ihrer Menge nach bestimmt.

Gasanalysen können den Ofenbetrieb wirksam unterstützen. Die Analyse des Generatorgases gestattet einen

Rückschluß auf die Arbeitsweise des Generators und die Dichtheit der Oxydleitung. Nimmt etwa der Kohlensäuregehalt des Generatorgases auf dem Wege zum Ofen zu, so deutet dies auf vorzeitige, dem Ofen höchst schädliche Verbrennung (S. 16). Die Untersuchung des Rauchgases am Auslaß Ofen-Eingang Rekuperation belehrt über das durchschnittliche Verhältnis von Oxyd und Luft im Ofenraume, gibt also darüber Auskunft, ob die Unterluft, d. h. das Generatorgas auf die Oberluftmenge richtig eingestellt ist. Der Kohlensäuregehalt soll an dieser Stelle so hoch wie erreichbar sein.

Die Analyse der die einzelnen Heizzüge des Ofens durchströmenden Feuergase zeigt die Verteilung von Generatorgas und Oberluft im Ofenraum. Enthält ein Kanal Überschuß an Kohlenoxyd, der andere an Luft, so vereinigen sich beide vielfach erst in der Rekuperation unter Nachverbrennung, die sich auf Grund der gasanalytischen Feststellungen mildern oder beseitigen läßt. Auch dient die Gasanalyse zum Nachweis von Verstopfungen und Undichtheiten im Ofen und in der Rekuperation. Ist an einer Stelle des Ofens die Luft oder Generatorgaszuführung verstopft, so läßt die Gasanalyse im betreffenden Feuerkanal besonders viel Kohlenoxyd bzw. Sauerstoff finden. Undichtheiten des Ofenmauerwerkes oder der Rekuperation lassen Luft zu den Rauchgasen treten. Ihre Menge ergibt sich aus dem Unterschiede in dem Kohlensäuregehalt der vor und hinter der undichten Stelle entnommenen Proben, wobei vorausgesetzt ist, daß man vor der Probenahme den Ofen auf Luftüberschuß eingestellt hat. Es ist dies zweckmäßig, weil Überschuß an Generatorgas die Untersuchung und Beurteilung ihrer Ergebnisse erschwert. Es seien an einer Stelle 18% Kohlensäure neben Sauerstoff, an einer anderen Stelle 16% Kohlensäure neben Sauerstoff gefunden worden. Dann beträgt die dazwischen eingetretene Luftmenge $\dfrac{(18-16) \cdot 100}{18} = 11\%$ der Feuergase.

Somit sind Gasanalysen für den Ofenbetrieb von großem Wert, aber auch nur dann, wenn sie mit sorgfältig entnommenen Proben gewissenhaft ausgeführt werden. Ungenaue Ergebnisse verwirren nur. Anderseits aber beansprucht die Gasanalyse

reichliche Zeit und ist daher vielfach zur täglichen oder stünd-
lichen Überwachung der Feuerung nicht geeignet. Für den
laufenden Betrieb gelten dann die Vorschriften der früheren
Abschnitte, nach denen aus der Farbe der Rauchgase und der
Höhe und Verteilung der Temperatur im Ofen und in der
Rekuperation der Zustand der Anlage erkannt wird. Freilich
sind diese Beobachtungen nur in enger Fühlung mit dem Betriebe selbst zu erlernen, ohne die jede Belehrung nutzlos ist.
Verständnisvoll ausgeführt, geben sie den Ofen dem Aufseher
sicher in die Hand und lassen meist auch auf die Ursachen
vorhandener Mängel schließen. In Zweifelsfällen jedoch ist
die Gasanalyse stets zur Aufklärung heranzuziehen.

Die Gasanalyse erstreckt sich im vorliegenden Falle auf
die Ermittlung von Kohlensäure und Sauerstoff bzw. Kohlenoxyd im Generatorgas (S. 52) und Rauchgas (S. 53 und
S. 89). Beide Gase entstehen aus Luft. Die Luft setzt sich
zusammen aus 21 Raumteilen Sauerstoff, dem Träger der
Verbrennung, und 79 Raumteilen unveränderlichem Stickstoff. Wird bei der Verbrennung aller Sauerstoff aufgezehrt,
so erhält man ein Rauchgas mit 21% Kohlensäure neben
79% Stickstoff, falls der Brennstoff aus reinem Kohlenstoff
besteht. Die üblichen festen Brennstoffe enthalten noch
Wasserstoff, der bei der Verbrennung auch Sauerstoff auf-
zehrt. Dementsprechend ist der höchstmögliche Kohlensäuregehalt etwas geringer als 21% und beträgt bei Koks etwa
20%, bei Steinkohlen etwa 19% (S. 90).

Zur gasanalytischen Untersuchung ist als besonders
handlich der

Orsat-Apparat

nach Abb. 9 zu empfehlen. A ist das Meßrohr, C', C'' und C'''
sind die mit ihm durch die kapillare Hahnanordnung r verbundenen Aufnahmegefäße für Kohlensäure, Sauerstoff und
Kohlenoxyd. Als Sperrflüssigkeit im Meßrohr dient destilliertes
Wasser für sich oder in schwach angesäuertem Zustande.
Die Flüssigkeit wird dem Meßrohr mit Hilfe der Ausgleichflasche B zugeführt und kann bei offenem Dreiweghahn h
beliebig im Meßrohr auf und ab, es füllend oder es leerend,
bewegt werden. Es ist ersichtlich, daß hierdurch auch Saug-

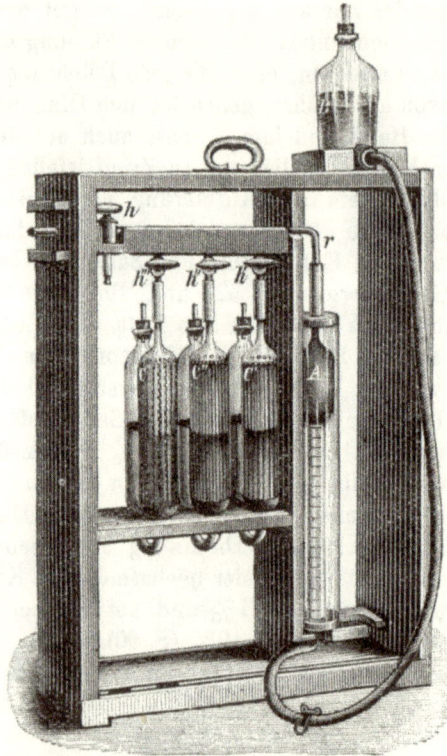

Fig. 9. Orsatapparat.

und Druckwirkungen in der Apparatur zu schaffen sind; sie treten ein, wenn der Dreiweghahn h geschlossen ist und die Ausgleichflasche B gesenkt oder gehoben wird. Dadurch ist es möglich, auch die Aufnahmegefäße mit den für sie bestimmten Lösungen zu füllen. Jedes dieser Gefäße mündet in ein dahinter befindliches Vorratsgefäß. Saugwirkung im Meßrohr läßt beispielsweise die Flüssigkeit im Gefäß C' ansteigen, wenn der zu ihm gehörige Hahn h' geöffnet und der Hahn h geschlossen ist. Zur Füllung der Gefäße C'' und C''' wird ebenso verfahren. Die Flüssigkeiten in den Gefäßen müssen bis in die an ihren oberen Enden befindlichen Kapillaren reichen. Dann wird nach Öffnen des Hahnes h auch das Meßrohr bis zu seinem oberen kapillaren Ansatz mit Sperrflüssigkeit gefüllt und der Hahn h wieder geschlossen. Der Apparat ist jetzt zur Untersuchung fertig, aber erst auf Dichtheit zu prüfen. Zu diesem Zwecke wird die Ausgleichflasche gesenkt. Trotz des dadurch entstehenden Unterdruckes in der Anordnung darf die Flüssigkeit im Meßrohr nicht fallen, auch der Flüssigkeitsstand in C', C'' und C''' darf sich nicht ändern.

Das Gas wird dem Ofen zweckmäßig mit einem Porzellanrohr entnommen von beispielsweise 9 mm l. W. und 2 mm Wandstärke. Bei Gasen, die weniger als 400⁰ C heiß sind, genügt auch ein $^3/_8''$ Eisenrohr. Das Rohr, das in den zu prüfenden Kanal tief einzusenken ist, ist an einen Gummisaugball angeschlossen, der mit der Hahnkapillare des Orsat-Apparates verbunden wird. Enthält das Gas Staub oder Ruß, so ist in der Saugvorrichtung ein mit Glaswolle gefülltes Röhrchen zum Filtrieren anzuordnen. Von dem zu untersuchenden Gase wird ein Strom zunächst allein durch die Saugvorrichtung und dann durch das Ende der Kapillare und den Dreiweghahn h geleitet (er ist in diesem Falle gegen das Meßrohr A geschlossen, jedoch nach unten offen) bis man sicher sein kann, daß die ganze Anordnung mit dem Probegase gefüllt ist. Durch Senken der Ausgleichflasche B und Drehen des Dreiweghahnes h in eine Stellung, die für den Gaszugang eine Verbindung zum Meßgefäß A schafft, wird das Meßrohr mit der Gasprobe gefüllt. Der Hahn h wird dann geschlossen und die im Meßrohr befindliche Gasmenge abgelesen, wobei die Ausgleichflasche dicht an das Meßrohr gebracht wird, und zwar so, daß die Flüssigkeitsspiegel im Meßrohr und in der Ausgleichflasche sich auf gleicher Höhe befinden. Diese Bedingung ist bei jeder Ablesung des Gasstandes im Meßrohr zu erfüllen. Das so abgemessene Gas wird nun zur Bestimmung der Kohlensäure in das mit Kalilauge beschickte Aufnahmegefäß C' gedrückt, was durch Heben der Ausgleichflasche und Öffnen des Hahnes h' leicht geschieht, und dann durch Senken der Ausgleichflasche wieder in das Meßrohr zurückgeführt. Dieser Vorgang wird mehrmals wiederholt, bis die Gasmenge sich nicht mehr verändert. Ihre Abnahme entspricht dem Kohlensäuregehalt des Gases.

Beispiel: Abgemessene Gasmenge . . . . . 90 ccm
übrig nach Berührung mit Kalilauge . . . . . . 75 »

von der Kalilauge verschluckt . . . . 15 ccm,

wonach der Kohlensäuregehalt des Rauchgases $\dfrac{15 \cdot 100}{90}$
$= 16{,}6\%$ beträgt.

Das übriggebliebene Gas wird dem mit alkalischer Pyrogallollösung gefüllten Aufnahmegefäß C'' zugeführt, worin es seinen Sauerstoff verliert. Der Prüfung auf Kohlenoxyd dient das Gefäß C''', das salzsaure Kupferchlorürlösung enthält. Ist alles Kohlenoxyd aus der Gasprobe entfernt, so wird sie vor ihrer Ablesung erst noch einmal mit Kalilauge im Gefäß C' zusammengebracht zur Beseitigung der Salzsäuredämpfe, mit denen sich das Gas über der Kupferchlorürlösung belädt. Die Untersuchung ist genau in der Reihenfolge: Kohlensäure—Sauerstoff—Kohlenoxyd anzustellen, weil Kohlensäure auch von der alkalischen Pyrogallollösung aufgenommen wird und Sauerstoff auch von Kupferchlorür.

Es ist darauf hinzuweisen, daß Kohlensäure von Kalilauge sehr leicht aufgenommen wird; etwa dreimaliges Überleiten des Gases in die Aufnahmeflasche genügt dafür. Sauerstoff und Kohlenoxyd dagegen lassen sich viel schwerer entfernen, weshalb das Gas häufig in die betreffenden Aufnahmeflaschen zu leiten ist.

Damit die Aufnahmeflüssigkeiten dem Gase eine recht
große Oberfläche bieten, sind die Flaschen mit Gasröhrchen
ausgefüllt. Die Temperatur des Meßrohres darf sich während
des Versuchs nicht ändern. Ein Temperaturunterschied von
nur 2^0 C ändert nämlich das Volumen des Gases schon um 1%.
Zur Vermeidung solcher Temperaturschwankungen steckt das
Meßgefäß meist in einem Wassermantel. Die Glashähne
müssen stets sorgfältig eingefettet sein, damit sie dicht schließen
und sich ganz leicht bewegen lassen.

Bereitung der Flüssigkeiten:

für C') Kalilauge. 1 Teil Kalihydrat wird in 3 Teilen Wasser
gelöst.

für C'') Pyrogallol. Man löst 1 Teil Pyrogallol in 4 Teilen
Wasser, beschickt hiermit das Aufnahmegefäß für Sauerstoff etwa
zu $^1/_3$ und füllt es dann mit Kalilauge auf.

für C''') Kupferchlorür. Möglichst viel davon wird in konzen-
trierter Salzsäure gelöst und darin blankes Kupfer aufbewahrt,
das die Oxydation des Kupferchlorürs zu unwirksamem Kupfer-
chlorid verhindern soll.

Die Kalilauge hält eine ganze Reihe von Untersuchungen
aus, während die Pyrogallol- und die Kupferchlorürlösung
häufig zu erneuern sind, zumal sie auch durch Luft unwirksam
werden. Der Einfluß der Luft auf die in den Orsatgefäßen C',
C'' und C''' befindlichen Lösungen kann ausgeschaltet werden
durch Gummibeutel auf den Auslässen der zugehörigen Vorratsgefäße.

Die Ermittlung des Feuerungsverbrauchs.

Neben möglichster Erhöhung der Ofenleistung und
Schonung des Ofenmauerwerks ist die Ersparnis an Feuerung
die wesentlichste Aufgabe des Ofenbetriebes. Der Feuerungsaufwand für eine Anlage sollte daher stets bekannt sein,
jedoch nicht nur aus den monatlichen Betriebsabschlüssen.
Diese begreifen beispielsweise die Verluste beim Anfeuern der
Öfen in sich und können durch ungenaue Bestandsaufnahmen
unsicher sein. Nur der Brennstoffverbrauch eines Ofens
in normalem Betriebszustande und bei normaler Leistung
gestattet die Beurteilung der Heizung und ermöglicht den

Vergleich mit anderen Ofenanlagen. Wenn die gewonnenen Ergebnisse dann vereinigt werden mit den später angestellten rechnerischen Erwägungen, so lassen sie auch erkennen, durch welche Mittel und in welcher Höhe Ersparnisse zu erwarten sind.

Zur Ermittlung des Brennstoffaufwandes ist nötig die Kenntnis des Gewichtes des verfeuerten Brennstoffes und seiner Beschaffenheit[1]) sowie der Menge der im gleichen Zeitraum im Ofen erzeugten Stoffe. Ein Feuerungsversuch muß mindestens eine Abschlackungsperiode umfassen, also 48 Stunden oder ein Mehrfaches davon dauern, wenn der Generator alle 48 Stunden abgeschlackt wird.

Die Sorgfalt, die ein genauer Versuch verlangt, kann im Betriebe aus Mangel an Zeit und Arbeitskräften nicht immer aufgewendet werden. Deshalb verzichtet man meist darauf, den Brennstoff zu wiegen, sondern mißt ihn in Hektolitergefäßen oder Füllwagen ab. Aus dem festzustellenden Raumgewicht des trockenen Brennstoffes läßt sich dann das dem Ofen zugeführte Brennstoffgewicht meist mit brauchbarer Näherung berechnen.

Über mögliche Fehler muß man sich von Fall zu Fall klar werden. Unterschiede in der Feuchtigkeit des Brennstoffes sind beispielsweise beim Abmessen des Brennstoffes wenig von Belang: Gesellen sich zum trockenen Brennstoff etwa 5% Wasser, so ermäßigt dessen Verdampfung den Heizwert von 1 kg Brennstoff um $0{,}05 \cdot 600 = 30$ Wärmeeinheiten (WE) oder von etwa 7000 WE auf 6970 WE, also nur um $0{,}4\%$. Zu berücksichtigen ist auch der Wärmeinhalt des Dampfes bei der Abgangstemperatur der Rauchgase, die zu 500^0 C angenommen sei. Der Dampf entführt hierbei

$$\frac{0{,}05 \cdot 0{,}40 \cdot 500}{0{,}804} = 13 \text{ WE oder } 0{,}2\%$$ vom Heizwerte des

trockenen Brennstoffs, von dem durch 5% Wasser also im ganzen $0{,}6\%$ verlorengehen, die vernachlässigt werden dürfen.

---

[1]) H. Bunte, Zur Beurteilung der Brennstoffe und der Leistung von Dampfkesseln vom chemischen Standpunkt aus. Verlag von R. Oldenbourg.

Eine weitere Vereinfachung in der Überwachung des Brennstoffverbrauchs ist auf Gaswerken möglich, und zwar an den Öfen, deren Generatoren heißen Koks unmittelbar aus den Retorten erhalten. Das Verfahren ist meines Wissens zuerst von E. Körting[1]) angegeben worden. »Man zieht der Reihe nach die sämtlichen Retorteneinsätze eines Ofens in den Generator (die sämtlichen, weil die Füllungen häufig verschieden groß sind) und läßt beiseite, was nicht hineingeht. Der Rest wird dann kalt nachgefeuert. Dieser Versuch, einige Tage zwischen 2 Schlackenperioden fortgesetzt, ergibt den verbrauchten Koks in Prozenten der Kokserzeugung und braucht nur mit der durchschnittlichen Produktionsziffer multipliziert zu werden, um das Verhältnis Unterfeuerung: Kohle zu erhalten.«

Beispielsweise entgast: 72 Retortenfüllungen; hiervon zur Heizung benutzt 15,5. Praktisch ermittelte Koksausbeute aus 100 kg Kohlen 66 kg. Unterfeuerung:

$$\frac{15,5 \cdot 0,66}{72} \cdot 100 = 14,2 \text{ kg Koks.}$$

auf 100 kg Kohlen.

Eine Unsicherheit liegt hierbei in der ungenauen Kenntnis der Koksausbeute, sie läßt sich aber nach meiner Erfahrung[2]) genügend genau bestimmen, wenn der entgaste glühende Koks einer Retorte, deren Kohle gewogen war, in dünner Schicht auf einem Steinboden ausgebreitet und gut umgerührt wird. Der Koks wird dann schon in 4 Minuten schwarz. Deshalb verbrennt bei dem Verfahren nur wenig Koks. Nimmt man einmal eine Unsicherheit von etwa 2 kg in der Ausbeute auf 100 kg Kohlen an, die statt 66 kg Koks 68 kg betragen möge, so berechnet sich die Unterfeuerung zu

$$\frac{15,5 \cdot 0,68}{72} \cdot 100 = 14,6 \text{ kg Koks.}$$

Der Unterschied macht also 14,6 — 14,2 = 0,4 kg Feuerungskoks auf 100 kg Kohle aus und ist erträglich.

[1]) Journal f. Gasbel. 1911, S. 648.
[2]) Journal f. Gasbel. 1909, S. 255.

Rechnerisches.[1]

Die chemischen Vorgänge in der Feuerung.

Die brennbaren Teile der **festen Brennstoffe** bestehen hauptsächlich aus Kohlenstoff und Wasserstoff in Form von Kohlenwasserstoffen.

Der Kohlenstoff verbrennt mit dem Sauerstoff der Luft zu Kohlensäure nach der folgenden Gleichung, in die die Molekulargewichte in Kilogrammen eingesetzt sind:

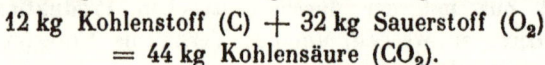

$$12 \text{ kg Kohlenstoff (C)} + 32 \text{ kg Sauerstoff (O}_2\text{)}$$
$$= 44 \text{ kg Kohlensäure (CO}_2\text{)}.$$

Wir erinnern uns, daß die Molekulargewichte aller Gase den gleichen Raum, nämlich 22,4 cbm, einnehmen, und erhalten die Beziehung:

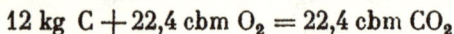

$$12 \text{ kg } C + 22,4 \text{ cbm } O_2 = 22,4 \text{ cbm } CO_2$$

oder auf 1 cbm Sauerstoff:

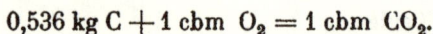

$$0,536 \text{ kg } C + 1 \text{ cbm } O_2 = 1 \text{ cbm } CO_2.$$

Es entsteht also auf 1 Raumteil (Rt.) Sauerstoff 1 Rt. Kohlensäure. Die Luft setzt sich zusammen aus 21 Rt. Sauerstoff und 79 Rt. Stickstoff (N_2) in 100. Da sich der Stickstoff nicht an der Verbrennung beteiligt, so enthält das entstehende Rauchgas, falls aller Sauerstoff aufgezehrt wird, 21 Rt. Kohlensäure und 79 Rt. Stickstoff.

Auf 0,536 kg Kohlenstoff sind also $1 : 0,21 = 4,8$ cbm Luft zur Verbrennung nötig oder

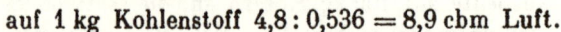

auf 1 kg Kohlenstoff $4,8 : 0,536 = 8,9$ cbm Luft.

Bei der Verbrennung fester Brennstoffe in dünner Schicht, etwa auf den üblichen Planrosten der Dampfkessel, ist stets mit einem Luftüberschuß zu rechnen, da es unmöglich ist, den festen Brennstoff mit der Luft so innig in Berührung zu

---

[1]) Grundlegend für solche Berechnungen ist eine Veröffentlichung von H. Bunte im Journ. f. Gasbel. 1878, S. 62: »Zur Berechnung des Nutzeffektes von Feuerungsanlagen aus dem Volumen der Verbrennungsprodukte.«

bringen, daß Brennstoff und Luft vollkommen vereinigt werden. Die Gasanalyse wird daher im Rauchgas stets weniger als 21% CO_2 finden lassen und kann etwa folgende Zusammensetzung des Rauchgases ergeben: 14% CO_2 + 7% O_2 + 79% N_2 = 100%. In diesem Falle sind auf 1 kg Kohlenstoff nicht 8,9 cbm Luft, sondern $8,9 \cdot \frac{21}{14} = 13,3$ cbm Luft aufgewendet worden. Zu diesem Ergebnisse führt auch die Erwägung, daß 1 cbm Rauchgas mit 14% CO_2 0,14 · 0,536 = 0,075 kg C entspricht, wonach auf 1 kg C 1 : 0,075 = 13,3 cbm Rauchgas oder Luft kommen, wie soeben berechnet. Überschüssig sind" somit 13,3 — 8,9 = 4,4 cbm Luft auf 1 kg Kohlenstoff.

Diese Berechnung gilt streng genommen nur für Brennstoffe, die nur Kohlenstoff und keinen Wasserstoff enthalten; sie ist aber auch mit brauchbarer Näherung auf den wasserstoffarmen Koks ohne weiteres anzuwenden, dagegen für Steinkohlen mit reichlich Wasserstoff zu erweitern (S. 90).

Der Wasserstoff verbrennt nach der Gleichung:

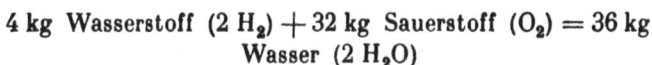

$$\text{4 kg Wasserstoff (2 } H_2\text{)} + \text{32 kg Sauerstoff (}O_2\text{)} = \text{36 kg Wasser (2 } H_2O\text{)}$$

oder auf Raumverhältnisse und das Molekulargewicht des Wasserstoffs bezogen:

$$\text{2 kg } H_2 + \text{11,2 cbm } O_2 = \text{22,4 cbm } H_2O\text{-Dampf.}$$

Da der Wasserdampf sich bei der Abkühlung zu Wasser verdichtet, würde die beschriebene volumetrische Gasanalyse bei der Verbrennung reinen Wasserstoffs nur Stickstoff im entstehenden Rauchgas finden lassen, wenn aller Sauerstoff der Luft vom Wasserstoff aufgezehrt würde.

Es ist einzuschalten, daß der von einem Gase eingenommene Raum, sein Volumen, stets auf die Temperatur von 0° C und den Druck von 760 mm Barometerstand bezogen ist. Die bekannte Änderung des Volumens mit Temperatur und Druck wird in unserem Falle nur berücksichtigt, wenn die Geschwindigkeit der strömenden Gase ermittelt werden soll. Bei Erwärmung des Gases von 0° C auf 273° C verdoppelt sich sein Volumen, wenn es unter dem gleichen Drucke bleibt. 1 cbm Gas von 0° C beansprucht bei 273° C 2 cbm Raum, bei 546° C 3 cbm Raum im Sinne der Gleichung:

$$v_t = v_o \left(1 + \frac{t}{273} \right).$$

Annahme sei, daß nach einer späteren Berechnung in 24 Stunden 10 260 cbm Generatorgas von 0° C auf 900° C erhitzt in den Ofen einströmen durch Kanäle hindurch von zusammen 0.2 qm Querschnitt. 10 260 cbm Generatorgas nehmen bei 900° C einen Raum ein von 10 260 $\left(1 + \frac{900}{273} \right)$ = 44 000 cbm. Auf die Sekunde kommen somit $\frac{44\,000}{24 \cdot 60 \cdot 60}$ = 0,51 cbm Generatorgas; seine Geschwindigkeit beträgt $\frac{0,51}{0,2}$ = 2,6 m in der Sekunde.

Die brennbaren Teile der **gasförmigen Brennstoffe** bestehen aus freiem Wasserstoff, Kohlenwasserstoffen und Kohlenoxyd in wechselnden Mengen. Das Generatorgas enthält nur wenig Kohlenwasserstoffe; es ist bei Verfeuerung von Koks fast frei davon und von einer Zusammensetzung, wie sie etwa reiner Kohlenstoff liefern würde.

Die zur Entstehung des Generatorgases nötige Umsetzung des Luftsauerstoffes mit dem glühenden Koks des Generators verläuft in zwei Stufen. Unmittelbar über dem Roste entsteht Kohlensäure nach der Gleichung:

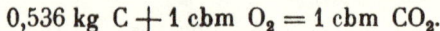

$$0,536 \text{ kg C} + 1 \text{ cbm } O_2 = 1 \text{ cbm } CO_2.$$

In der über der Verbrennungszone liegenden hochglühenden Reduktionsschicht setzt sich dann die Kohlensäure mit Kohlenstoff zu Kohlenoxyd (CO) um nach dem Vorgang:

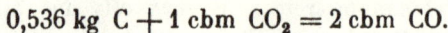

$$0,536 \text{ kg C} + 1 \text{ cbm } CO_2 = 2 \text{ cbm CO}.$$

Es entstehen also auf 1 cbm Luftsauerstoff 2 cbm Kohlenoxyd oder auf 1 cbm Luft mit 0,21 cbm Sauerstoff $2 \cdot 0,21 =$ 0,42 cbm Kohlenoxyd, die von 0,79 cbm Stickstoff begleitet werden. Daher rechnerischer Höchstgehalt des Generatorgases an Kohlenoxyd: $\frac{0,42}{0,79 + 0,42} \cdot 100 = 34,7 \%$.

Die Kohlensäure wird jedoch im Generator nicht restlos zersetzt. Dies liegt nicht an der im Generator herrschenden Hitze, die 1000° C übersteigt, denn nach bezüglichen Ver-

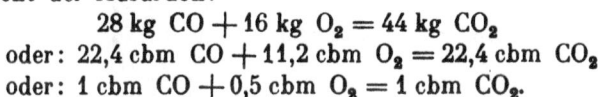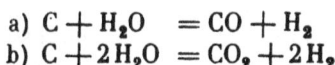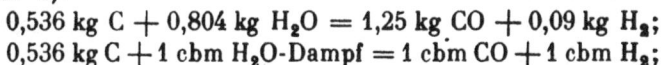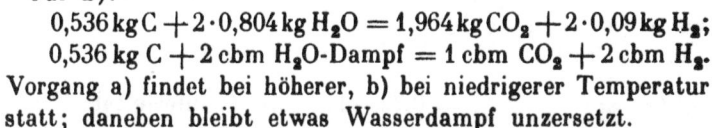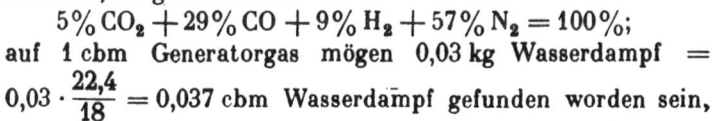

suchen setzt sich bei 1000° C Kohlensäure mit Kohlenstoff so weitgehend um, daß sie sich jn dem entstehenden Gase durch die volumetrische Gasanalyse nicht mehr nachweisen läßt. Zu dieser völligen Umsetzung aber bedarf es, da der Kohlenstoff nur träge reagiert, einer bestimmten Zeit, die den die Generatorfüllung durchströmenden Gasen nicht bleibt. Die Untersuchung des Generatorgases wird daher stets einige Prozente Kohlensäure finden lassen.

Der Verbrennung des Kohlenoxyds mit Sauerstoff entspricht der Ausdruck:

$$28 \text{ kg CO} + 16 \text{ kg O}_2 = 44 \text{ kg CO}_2$$
oder: $22,4 \text{ cbm CO} + 11,2 \text{ cbm O}_2 = 22,4 \text{ cbm CO}_2$
oder: $1 \text{ cbm CO} + 0,5 \text{ cbm O}_2 = 1 \text{ cbm CO}_2.$

Aus dem dem Generator zugeführten Wasserdampf entstehen durch Umsetzung mit dem glühenden Kohlenstoff: Kohlenoxyd, Wasserstoff und Kohlensäure nach den Gleichungen:

a) $C + H_2O = CO + H_2$
b) $C + 2H_2O = CO_2 + 2H_2$

oder

für a):

$0,536 \text{ kg C} + 0,804 \text{ kg H}_2O = 1,25 \text{ kg CO} + 0,09 \text{ kg H}_2;$
$0,536 \text{ kg C} + 1 \text{ cbm H}_2O\text{-Dampf} = 1 \text{ cbm CO} + 1 \text{ cbm H}_2;$

für b):

$0,536 \text{ kg C} + 2 \cdot 0,804 \text{ kg H}_2O = 1,964 \text{ kg CO}_2 + 2 \cdot 0,09 \text{ kg H}_2;$
$0,536 \text{ kg C} + 2 \text{ cbm H}_2O\text{-Dampf} = 1 \text{ cbm CO}_2 + 2 \text{ cbm H}_2.$

Vorgang a) findet bei höherer, b) bei niedrigerer Temperatur statt; daneben bleibt etwas Wasserdampf unzersetzt.

Der gasförmige Wasserstoff verbrennt nach der Gleichung:

$22,4 \text{ cbm H}_2 + 11,2 \text{ cbm O}_2 = 22,4 \text{ cbm H}_2O\text{-Dampf}$
oder: $1 \text{ cbm H}_2 + 0,5 \text{ cbm O}_2 = 1 \text{ cbm H}_2O\text{-Dampf}.$

Für das so zustande kommende **Generatorgas** sei einmal folgendes Analysenergebnis, in runden Zahlen, angenommen:

$$5\% \text{ CO}_2 + 29\% \text{ CO} + 9\% \text{ H}_2 + 57\% \text{ N}_2 = 100\%;$$

auf 1 cbm Generatorgas mögen 0,03 kg Wasserdampf $=$

$0,03 \cdot \dfrac{22,4}{18} = 0,037$ cbm Wasserdampf gefunden worden sein,

etwa durch Abscheidung des Wasserdampfes aus einer bekannten Gasmenge im Chlorcalciumrohr.

Der analytische Befund wird zweckmäßig durch Rechnung
auf seine Richtigkeit geprüft. Er ist in Ordnung, wenn der Stickstoff des Gases sich zu seinem Sauerstoff in gleichem Mengenverhältnis befindet, wie in der Luft, nach Abzug des aus dem Wasserdampf stammenden Sauerstoffs:

$$
\begin{array}{rll}
5 \text{ Rt. } CO_2 \text{ entsprechen} & 5,0 \text{ Rt. } O_2 \\
29 \text{ » } CO \text{ »} & \underline{14,5 \text{ » } O_2} \\
& 19,5 \text{ Rt. } O_2 \\
9 \text{ » } H_2 \text{ »} & \underline{4,5 \text{ Rt. } O_2} \\
\text{Aus der Luft zugeführt} & 15,0 \text{ Rt. } O_2 \\
\text{» » » »} & \underline{57,0 \text{ » } N_2} \\
& 72,0 \text{ Rt. Luft}
\end{array}
$$

$$\text{mit } \frac{15,0 \cdot 100}{72,0} = 21\% \; O_2$$

$$+ \frac{57,0 \cdot 100}{72,0} = 79\% \; N_2.$$

Die Analyse ist also richtig. Diese einfachste Form der Erwägung genügt für unsere Betrachtung; genau genommen wäre
zu berücksichtigen, daß der Koks noch etwas Wasserstoff, Sauerstoff, Stickstoff und Schwefel enthält (vgl. S. 90).

Aus der Zusammensetzung des Generatorgases ergeben
sich folgende Beziehungen:

Zur Erzeugung von 1 cbm »trockenem« Generatorgas sind nötig:

$(0,05 + 0,29) \cdot 0,536 = 0,182$ kg Kohlenstoff,

$0,57 \cdot \dfrac{100}{79} \qquad = 0,722$ cbm Luft (»Unterluft«),

$0,09 + 0,037 \qquad = 0,127$ cbm Dampf,

$\qquad\qquad\quad = 0,127 \cdot \dfrac{18}{22,4} = 0,102$ kg Wasser.

Es werden demnach auf 1 kg Kohlenstoff gebraucht:
$0,722 : 0,182 = 4,0$ cbm Luft (»Unterluft«),
$0,102 : 0,182 = 0,57$ kg Wasserdampf $= 0,71$ cbm Wasserdampf
und erzeugt:

$\qquad 1 : 0,182 = 5,5$ cbm »trockenes« Generatorgas

oder

$\qquad (1 + 0,037) : 0,182 = 5,7$ cbm »feuchtes« Generatorgas.

Beispielsweise entspricht ein täglicher Verbrauch von 2000 kg trockenem Koks mit 10% Asche einem Bedarf von

$$2000 \cdot 0{,}9 \cdot 4{,}0 = 7200 \text{ cbm Unterluft}$$

und einer Erzeugung von

$$2000 \cdot 0{,}9 \cdot 5{,}7 = 10260 \text{ cbm »feuchtem« Generatorgas.}$$

Die Verbrennung von 1 cbm »trockenem« Generatorgas verlangt theoretisch:

für 0,29 cbm CO $0{,}29 \cdot 0{,}5 \cdot \dfrac{100}{21} = 0{,}690$ cbm Luft

» 0,09 » H_2 $0{,}09 \cdot 0{,}5 \cdot \dfrac{100}{21} = 0{,}214$ » »

$$\overline{}$$
$$0{,}904 \text{ cbm Luft (Oberluft)}$$

und läßt entstehen:

auf 0,05 cbm CO_2	= 0,05 cbm CO_2		
» 0,29 » CO	= 0,29 » CO_2		
» 0,09 » H_2	= 0,09 » H_2O-Dampf		
» 0,57 » N_2	= 0,57 » N_2		
» $0{,}904 \cdot 0{,}79 N_2$ a. d. Oberl.	= 0,71 » N_2		
» 0,037 cbm Wasserdampf	= 0,037 » H_2O-Dampf		

$$\overline{}$$
$$1{,}747 \text{ cbm »feuchtes« Rauchgas}$$

oder:

$$1{,}747 - (0{,}09 + 0{,}037) = 1{,}620 \text{ cbm »trockenes« Rauchgas.}$$

Das »trockene« Rauchgas setzt sich zusammen aus:

$$0{,}34 \text{ cbm } CO_2 = 21\% \ CO_2$$
$$+ \ \underline{1{,}28 \quad » \quad N_2} = \underline{79\% \ N_2}$$
$$1{,}62 \text{ cbm} \qquad 100\%$$
$$+ \ 0{,}127 \text{ »} \qquad = \ 7{,}8 \text{ Rt. } H_2O\text{-Dampf.}$$

Auf 1 kg Kohlenstoff werden verbraucht:

$$\frac{0{,}904}{(0{,}05 + 0{,}29) \cdot 0{,}536} = 4{,}9 \text{ cbm Oberluft};$$

und es entstehen:

$$\frac{1}{0{,}21 \cdot 0{,}536} = 8{,}9 \text{ cbm »trockenes« Rauchgas,}$$

$$\frac{1{,}078}{0{,}21 \cdot 0{,}536} = 9{,}6 \text{ cbm »feuchtes« Rauchgas.}$$

Auf 2000 kg trockenen Koks mit 10% Asche, also 90 % brennbaren Teilen, kommen nach der Theorie:

$$2000 \cdot 0.9 \cdot 4.9 = \quad 8800 \text{ cbm Oberluft,}$$
$$2000 \cdot 0.9 \cdot 9.6 = 17300 \quad \text{» »feuchtes« Rauchgas.}$$

Die Wärmevorgänge in der Feuerung.

Jeder chemische Vorgang entwickelt oder verbraucht Wärme; man spricht von positiver oder negativer Wärmetönung und gibt den Wärmebeträgen, die in Wärmeeinheiten (WE) ausgedrückt werden, die Vorzeichen $+$ oder $-$.

Bei der Vereinigung von 1 kg Kohlenstoff mit Sauerstoff zu Kohlensäure werden 8090 WE frei, somit auf 1 cbm CO_2, die 0,536 kg C enthält, $8090 \cdot 0{,}536 = 4336$ WE. Wir schreiben:

$$0{,}536 \text{ kg C} + 1 \text{ cbm } O_2 = 1 \text{ cbm } CO_2 + 4336 \text{ WE.}$$

Geringer ist die Wärmetönung, wenn die Kohlensäure durch Verbrennung des Kohlenoxyds entsteht, nämlich:

$$1 \text{ cbm CO} + 0{,}5 \text{ cbm } O_2 = 1 \text{ cbm } CO_2 + 3034 \text{ WE.}$$

Der Unterschied von $4336 - 3034 = 1302$ WE entspricht der Wärmetönung des gedachten Vorganges:

$$0{,}536 \text{ kg C} + 0{,}5 \text{ cbm } O_2 = 1 \text{ cbm CO} + 1302 \text{ WE;}$$

er findet in Wirklichkeit nicht statt, da Kohlenoxyd nie unmittelbar aus Kohlenstoff und Sauerstoff, sondern stets nur aus Kohlensäure und Kohlenstoff entsteht[1]).

1 kg Wasserstoff liefert bei der Verbrennung zu Wasserdampf 29000 WE, somit 1 cbm Wasserstoff $29000 \cdot \dfrac{2}{22{,}4}$ $= 2590$ WE; die Verbrennungsgleichung lautet:

$$1 \text{ cbm } H_2 + 0{,}5 \text{ cbm } O_2 = 1 \text{ cbm } H_2O\text{-Dampf} + 2590 \text{ WE.}$$

Für den Zerfall des Wasserdampfes, der mit einem Wärmeverbrauch verknüpft ist, gilt die Beziehung:

$$1 \text{ cbm } H_2O\text{-Dampf} = 1 \text{ cbm } H_2 + 0{,}5 \text{ cbm } O_2 - 2590 \text{ WE;}$$

die Wärmetönung erhält also ein negatives Vorzeichen.

---

[1]) F. Haber, Thermodynamik technischer Gasreaktionen, München 1905. S. 238 u. 294.

Die Bildungswärme des oben angegebenen Generatorgases beträgt hiernach:

für 0,05 cbm CO_2 0,05·4336 = 217 WE

» 0,29 » CO 0,29·1302 = 377 »

594 WE

» 0,09 » H_2 0,09·2590 = —233 »

361 WE.

Diese Wärme steckt im heißen Generatorgas und sollte möglichst vollständig in den Ofen gelangen. Bei gänzlicher Abkühlung des Generatorgases entstände ein großer Wärmeverlust, nämlich von $\dfrac{361}{(0,05+0,29)\cdot 4336}\cdot 100 = 24,4\%$ vom Heizwerte des verfeuerten Kokses.

Bei der Verbrennung von 1 cbm »trockenem« Generatorgas werden $0,29\cdot 3034 + 0,09\cdot 2590 = 1113$ WE frei. Diese Verbrennungswärme wird vermehrt durch die Eigenwärme des Generatorgases um 361 WE, so daß dem Ofenraum auf 1 cbm Generatorgas $1113 + 361 = 1474$ WE theoretisch zugute kommen oder die volle Verbrennungswärme des Kohlenstoffs von $1474 : 0,182 = 8090$ WE.

In Wirklichkeit sind jedoch die Strahlungsverluste des Generators zu berücksichtigen und anderseits der Wärmegewinn in der Rekuperation, wie es in den folgenden Abschnitten auch geschieht.

Auf 1 cbm Generatorgas kommen nach S. 53 0,904 cbm Oberluft; somit werden in diesem Falle auf 1 cbm Oberluft, deren Sauerstoff restlos aufgezehrt wird, $\dfrac{1113}{0,904} = 1230$ WE, im Ofen entwickelt. Hinzu tritt die Eigenwärme des Generatorgases mit $\dfrac{361}{0,904} = 399$ WE sowie die im nächsten Abschnitte besprochene Eigenwärme der heißen Oberluft selbst

Wärmemenge und Temperatur.

Die einem Stoffe mitgeteilte Wärme zeigt sich in seiner Temperatur. Doch werden durch die gleiche Wärmemenge nicht alle Stoffe gleich hoch erhitzt infolge der verschiedenen spezifischen Wärmen oder Wärmekapazitäten der Stoffe. Unter diesen Begriffen werden die Wärmemengen verstanden, die nötig sind, um die Gewichts- oder Maßeinheit eines Stoffes um $1\,^0$C zu erwärmen. 1 cbm Kohlensäure verlangt beispielsweise zur Erwärmung um $1\,^0$C 0,39 WE, 1 cbm Sauerstoff 0,30 WE.

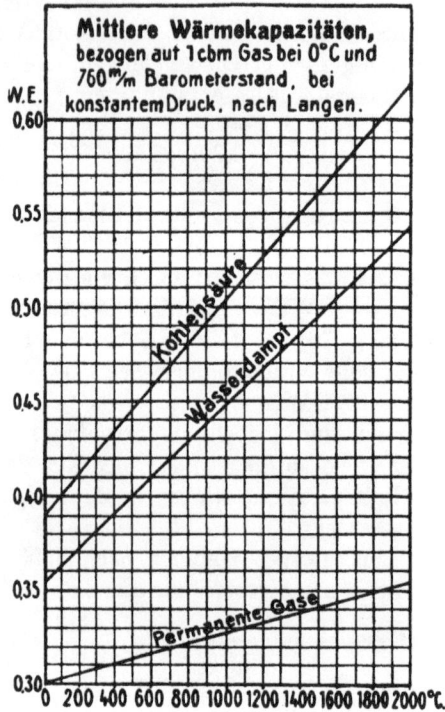

Abb. 10.

Diese Werte aber sind nur bei niedriger Temperatur maßgebend, bei hoher Temperatur werden die Wärmekapazitäten größer: Um 1 cbm Kohlensäure von $1000\,^0$C auf $1001\,^0$C zu bringen, sind 0,62 WE nötig; das ist die wahre Wärmekapazität der Kohlensäure bei $1000\,^0$C. Die mittlere Wärmekapazität für diese Temperatur entspricht dem Durchschnitt der Wärmekapazitäten zwischen 0 und 1000°C. Nach Langen[1]) gelten für die mittleren Wärmekapazitäten c der Gase, bezogen auf 1 cbm Gas von 0°C und 760 mm Barometerstand, nach der Beziehung $c = \sigma + \sigma'' \cdot t$ folgende Werte:

Sauerstoff, Stickstoff, Wasserstoff $c = 0{,}30 + 0{,}0000268 \cdot t$,
Wasserdampf . . . . $c = 0{,}35 + 0{,}0000959 \cdot t$,
Kohlensäure . . . . $c = 0{,}39 + 0{,}000116 \cdot t$.

Abb. 10 zeigt die graphische Darstellung der mittleren Wärmekapazitäten[2]) dieser Gase.

Wird 1 cbm eines Gases, etwa Kohlensäure von 0°C, auf die Temperatur t, etwa 500°C, erhitzt, so erhält es den Wärmeinhalt $W = c \cdot t$; es ist $W = 500 \cdot 0{,}45 = 225$ WE. Für Stickstoff und Sauerstoff ist bei 500°C $W = 500 \cdot 0{,}31 = 155$ WE, und somit der Wärmeinhalt von 1 cbm eines 500°C heißen Rauchgases mit 14% CO_2:

$$0{,}14 \cdot 225 = 31{,}5 \text{ WE}$$
$$+ \ 0{,}86 \cdot 155 = \underline{133{,}3 \quad \text{»}}$$
$$164{,}8 \text{ WE}$$

Auf 1 cbm eines solchen Rauchgases werden $0{,}14 \cdot 4336 = 607$ WE entwickelt. Ziehen die Rauchgase 500°C heiß

---

[1]) Mitteilungen über Forschungsarbeiten auf dem Gebiete des Ingenieurwesens 1903, Heft 8.

[2]) Für die wahre Wärmekapazität s dieser Gase gilt die allgemeine Gleichung: $s = \sigma + \sigma'' \cdot 2t$, d. h. die wahre Wärmekapazität bei t^0 ist gleich der mittleren Wärmekapazität bei $2t^0$. Diese Beziehung ergibt sich aus dem Umstande, daß in der Gleichung $s = \sigma + \sigma'' \cdot 2t$ das Hinterglied in arithmetischer Progression wächst. Dann erhalten wir beispielsweise bei 600°C für Kohlensäure ein Endglied von der Größe

$$= 0{,}39 + 0{,}000116 \cdot 2 \cdot 600 = 0{,}53 \text{ WE.}$$

Das ist die wahre Wärmekapazität der Kohlensäure bei 600°C. Die Summe der Reihe

$$\frac{(0{,}39 + 0{,}53) \cdot 601}{2} = 276 \text{ WE}$$

stellt den Wärmeinhalt des Gases von 0° bis 600°C dar. Das Mittel beträgt $\frac{276}{601} = 0{,}46$ WE; es ist die mittlere Wärmekapazität der Kohlensäure für 600°C und gleich der wahren Wärmekapazität bei 300°C.

zum Schornstein, so werden $\frac{164,8}{607} \cdot 100 = 27\%$ der erzeugten Wärme verloren.

Dieser Wärmeverlust ist um so geringer, je weniger überschüssige Luft das Rauchgas enthält, je reicher es also an Kohlensäure ist. Bei 21% CO_2 im Rauchgas würde der Wärmeverlust auf:

$$\frac{0,21 \cdot 0,45 \cdot 500 + 0,79 \cdot 0,31 \cdot 500}{4336 \cdot 0,21} \cdot 100 = 18,6\%$$

zurückgehen.

Die theoretische Verbrennung ist also im Betriebe anzustreben und am besten bei der Gasfeuerung zu erreichen, die gestattet, dem Gase nahezu die theoretische Luftmenge zur Verbrennung zuzuführen. Mit einem kleinen Überschuß an Luft oder an Generatorgas ist freilich immer zu rechnen. Der Wärmeverlust ist bei gleichem CO_2-Gehalt der Rauchgase in beiden Fällen jedoch nicht gleich. Ein Rauchgas mit **Luftüberschuß** hätte etwa die Zusammensetzung:

a) $18\% \, CO_2 + 3\% \, O_2 + 79\% \, N_2 = 100\%$;

mit **Kohlenoxydüberschuß**:

b) $18\% \, CO_2 + 4,8\% \, CO + 77,2\% \, N_2 = 100\%$.

Bei einer Abgangstemperatur von 500^0 C würden auf 1 cbm Rauchgas verloren:

nach a): $500 \, (0,18 \cdot 0,44 + 0,82 \cdot 0,31) = 172$ WE oder

$\frac{172}{4336 \cdot 0,18} \cdot 100 = 22,0\%$ vom Heizwerte des Kokses

nach b): $500 \, (0,18 \cdot 0,44 + 0,82 \cdot 0,31) + 0,048 \cdot 3034 = 311$ WE oder

$\frac{311}{4336 \, (0,18 + 0,048)} \cdot 100 = 31,4\%$ vom Heizwerte des Kokses,

also bei b) $9,4\%$ mehr als bei a).

Ein **bescheidener** dauernder Überschuß an Generatorgas bürgt dafür, daß die Oberluft **stets restlos** abgesättigt wird und daß auf 1 cbm Oberluft im Ofen auch wirklich die auf Seite 55 berechneten 1230 WE frei werden und die Ofentemperatur gleichmäßig erhalten bleibt. Ein etwas schwankender Überschuß an Generatorgas ändert hieran nichts.

Schwankender Mangel an Generatorgas dagegen läßt im Ofen auch bei gleichbleibender Oberluft wechselnde Wärmemengen entstehen. Fehlt es nämlich für die Oberluft an Generatorgas, etwa in dem Umfange, daß zeitweise 10% der Oberluft unverzehrt bleiben, so werden auf die zugeführte Oberluft auch 10% weniger Wärme entwickelt. Die durchschnittliche Ofentemperatur geht hierbei zurück (an den Brennern kann sie, abhängig von deren Einrichtung, bei geringem Luftüberschuß sogar höher werden als bei Überschuß an Generatorgas). Der erstrebte Glühvorgang wird verzögert.

Etwa 1000° C heiße Rauchgase, wie sie aus den Ofenräumen der Rekuperatoröfen abströmen, werden ausgenutzt zur Vorwärmung der Verbrennungsluft, die fast auf die Temperatur der Rauchgase gebracht werden sollte. Es werden gewonnen durch Vorwärmung der Oberluft:

$$\text{auf } 800° \text{ C: } \frac{4,9 \cdot 0,32 \cdot 800}{8090} \cdot 100 = 15,5\%,$$

$$\text{» } 900° \text{ C: } \frac{4,9 \cdot 0,32 \cdot 900}{8090} \cdot 100 = 17,4\%$$

vom Heizwerte des Kokses. Ein Unterschied von 100° C der heißen Oberluft macht also 2% vom Heizwerte des Kokses aus; etwa ebensoviel ein Unterschied von 100° C in der Vorwärmung der Unterluft, so daß hierbei die bessere Rekuperation zusammen etwa 4% vom Heizwerte des Kokses mehr gewinnen ließe.

Wie sich aus der Temperatur der Stoffe ihr Wärmeinhalt berechnen läßt, so ergibt sich anderseits die Temperatur aus einem bekannten Wärmeinhalt, wenn man ihn durch die Wärmekapazität teilt durch Umformung der obigen Gleichung $W = c \cdot t$ in $t = \frac{W}{c} \cdot c$ wird hierbei durch Näherung gefunden.

Ein aus Kohlenstoff erzeugtes Rauchgas mit $14\% \, CO_2$ hat eine theoretische Verbrennungstemperatur von

$$t = \frac{607}{0,14 \cdot 0,57 + 0,86 \cdot 0,34} = 1640^0 \, C;$$

sie wird in Wirklichkeit nicht erreicht, da die Flamme bei ihrer Entstehung gleich Wärme abstrahlt und dadurch kühler wird.

Die Verbrennungstemperatur kann erhöht werden durch Vorwärmung des Brennstoffs und der Verbrennungsluft. Annahme sei, bei obigem Rauchgas werde der verfeuerte Koks und seine Verbrennungsluft auf 300^0 C erwärmt; es bringen dann an Wärme auf 1 cbm Rauchgas mit

$$\frac{0,14 \cdot 0,536}{0,90} = 0,083 \; \text{kg Koks}: 0,083 \cdot 0,2 \cdot 300 = \ldots \quad 5 \; \text{WE}$$

(0,2 ist die spez. Wärme des Graphits nach Abb. 11 [1]).)
1 cbm Verbrennungsluft:

$$1 \cdot 0,31 \cdot 300 = \ldots \ldots \ldots \ldots \ldots \quad 93 \quad »$$

Zugeführte Wärme (Eigenwärme oder auch thermometrische Wärme genannt) . . . . 98 WE
Verbrennungswärme . . . . 607 »

Gesamtwärme . . . . 705 WE

Rechnerische Höchsttemperatur:

$$\frac{705}{0,14 \cdot 0,60 + 0,86 \cdot 0,35} = 1830^0 \, C.$$

Die bekannte Dissoziation des Wasserdampfes und der Kohlensäure bei hohen Temperaturen ist unterhalb 2000^0 C gering und zu vernachlässigen. Wo die Kenntnis der Dissoziation in Ausnahmefällen nötig ist, kann sie aus den von F. Haber in seiner »Thermodynamik technischer Gasreaktionen« S. 158 entwickelten Gleichungen abgeleitet werden; sie lauten:

---

[1]) Abb. 11 zeigt die Werte, die L. Kunz für die mittlere spezifische Wärme der Holzkohle gefunden hat (Inaug.-Diss. Bonn 1904, S. 28), sowie die Zahlen für Graphit nach Weber (pag. 9, Ann. 1875, S. 410 u. 414). Es sei angenommen, daß Koks die gleiche spezifische Wärme wie Graphit hat.

a) für Wasserdampf:

Die Reaktionsenergie $A = 57\,650 - 1,85\ T \ln T + 0,00165\ T^2$

$$- RT \ln \frac{p\ H_2O}{pH_2 \cdot \sqrt{p\ O_2}} - 2,28\ T;$$

b) für Kohlensäure:

$$A = 67\,300 - 3,4\ T \ln T + 0,0036\ T^2$$

$$- RT \ln \frac{p\ CO_2}{p\ CO \cdot \sqrt{p\ O_2}} - 2,28\ T.$$

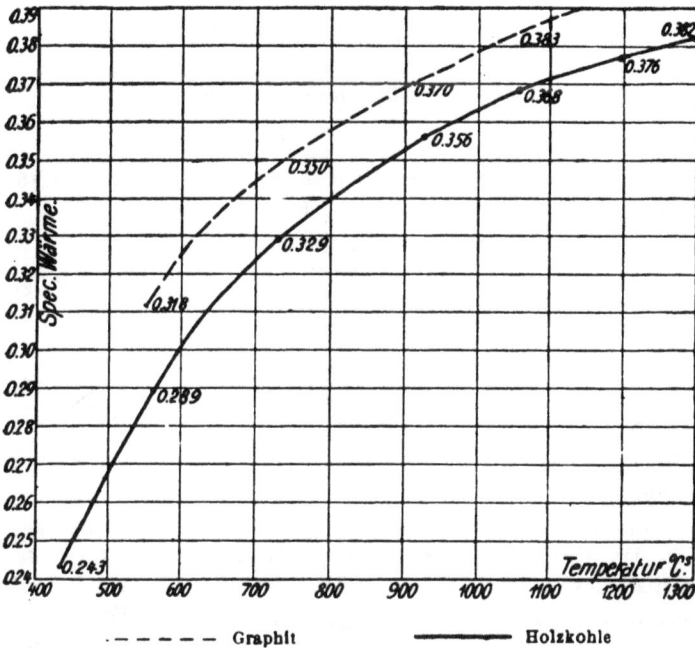

Abb. 11. **Mittlere spezifische Wärmen von Graphit und Holzkohle.**

Bei Gleichgewicht ist $A = 0$. Nach Umformung der Gleichungen ergibt sich für a):

$$\log \frac{p\ H_2O}{p\ H_2 \cdot \sqrt{p\ O_2}} = \log K$$

$$= \frac{57\,650 - 1,85\ T \cdot 2,3 \log T + 0,00165\ T^2 - 2,28\ T}{2,3 \cdot 1,985 \cdot T},$$

woraus sich die Dissoziationskonstante K berechnet für T (absolut) oder $t\,^{0}$ C:

T	$t\,^{\circ}$C	K
1700^{0}	1427^{0}	34 072
2273^{0}	2000^{0}	561
2500^{0}	2227^{0}	194
2773^{0}	2500^{0}	70,4
3273^{0}	3000^{0}	18,4

Aus K ergibt sich der Dissoziationsgrad des Wasserdampfes nach folgenden Erwägungen:

$$K = \frac{p\,H_2O}{p\,H_2 \cdot \sqrt{p\,O_2}}; \quad p\,H_2O + p\,H_2 + p\,O_2 = 1 \text{ Atm.}$$

$$p\,O_2 = \frac{p\,H_2}{2}; \text{ somit } K = \frac{1 - {}^3/_2\,p\,H_2}{p\,H_2 \cdot \sqrt{\dfrac{p\,H_2}{2}}}$$

Für beispielsweise 3000 ° C ist $K = 18,4$ und somit $p\,H_2 = 0,15$, entsprechend der Zusammensetzung des Gasgemisches:

$$
\begin{aligned}
H_2 &= 0{,}150 \text{ Rt.} \\
O_2 &= 0{,}075 \quad \text{»} \\
H_2O &= 0{,}775 \quad \text{»} \\
\hline
&\ \ 1{,}000 \text{ Rt.}
\end{aligned}
$$

Der Wasserdampf ist also bei 3000^0 C zu $\dfrac{0.15}{0{,}775 + 0{,}15} \cdot 100$ $= 16\%$ zerfallen.

In der gleichen Weise berechnet sich der Zerfall des Wasserdampfes bei 2000 ° C zu 1,9%.

Die Dissoziation wächst mit Verminderung des Druckes. Bei der Verbrennung des Wasserstoffs mit Luft beträgt der Partialdruck des entstehenden Wasserdampfes 0,35 Atm. Seine Dissoziation läßt sich dann nach der Gleichung $K = \dfrac{0{,}35 - {}^3/_2\,p\,H_2}{p\,H_2 \cdot \sqrt{\dfrac{p\,H_2}{2}}}$

finden. Bei 2000 ° C ist $K = 561$ und der Wasserdampf bei 0,35 Atm. zu 2,6% zerfallen gegen vorstehende 1,9% bei Atmosphärendruck.

Für Kohlensäure nach der Gleichung b) ist K:

$$
\begin{aligned}
&\text{bei } 1527\,^0\text{C} = 3418; &&\text{bei } 2327\,^0\text{C} = 23{,}5; \\
&\text{bei } 2500\,^0\text{C} = \ 12{,}76; &&\text{bei } 2700\,^0\text{C} = \ 7{,}16; \\
&\text{bei } 2775\,^0\text{C} = \ \ 5{,}93; &&\text{bei } 3000\,^0\text{C} = \ 3{,}67.
\end{aligned}
$$

Bei beispielsweise 2775 °C ist die Kohlensäure aufgespalten in:

$$0,272 \text{ Rt. CO}$$
$$0,136 \quad \text{» } O_2$$
$$0,592 \quad \text{» } CO_2$$

1,000 Rt.

Weitere Berechnungen und Untersuchungen von Nernst und Wartenberg[1] stimmen mit den vorstehenden Werten brauchbar überein:

	Nernst u. Wartenberg		Haber
	Temp. °C	Dissoziationsgrad	Dissoziationsgrad
Wasserdampf	1427	0,101%	0,12%
»	2227	3,43%	3,66%
Kohlensäure	1527	0,474%	0,55%
»	2327	16,8%	13,9%

Es sei auch der Änderung der Wärmetönung mit der Temperatur gedacht. Diese Änderung ist gering; sie entspricht der Gleichung: $W_2 - W_1 = (c - c_1)(t_2 - t_1)$, wobei c und c_1 die mittleren Wärmekapazitäten der verschwindenden und entstehenden Stoffe sind, und beträgt für den Vorgang: 1 cbm $H_2 +$ ½ cbm $O_2 = 1$ cbm H_2O-Dampf: Bei 600° C $+ 41$, bei 1000° C $+ 47$, bei 1200° C $+ 43$ WE; ferner für: 1 cbm CO $+$ ½ cbm $O_2 = 1$ cbm CO_2: Bei 600° C $+ 13$, bei 1000° C $- 9$, bei 1200° C $- 29$ WE.

Die Wärmeverteilung im Generatorofen.

Es hängt von der Zusammensetzung des Generatorgases ab, wieviel Wärme bei seiner Entstehung frei wird, wieviel es also bei der Abkühlung verlieren kann. Im Zusammenhange damit steht die mit dem Generatorgas zu erzielende Verbrennungstemperatur.

Die Frage ist besonders wichtig für alle Generatoren, die sich weitab vom Ofen befinden, etwa für Zentralgeneratoren, deren Gas häufig gekühlt zu werden pflegt, um es zu entstauben. Die Kühlung kann auch zweckmäßig sein bei

---

[1] Nachrichten der Kgl. Gesellschaft der Wissenschaften zu Göttingen; Mathem.-Physikal. Kl. 1905, Heft 1.

solchen Brennstoffen, die ein Übermaß an Wasser haben, wie
Torf und Braunkohlen, um das Generatorgas vom mitge-
führten Dampf zu befreien, der sonst seine Verbrennungs-
temperatur drücken und die Wärmeverluste durch die zum
Schornstein ziehenden Verbrennungsgase erhöhen würde.
Die Vorteile der Kühlung sind von Fall zu Fall gegen ihre
Nachteile abzuwägen. (Mit der Kühlung ist vielfach eine Ge-
winnung der Produkte der trockenen Destillation verbunden.)

In Wärmespeichern wird dann das Generatorgas meist
durch die Abhitze der Ofengase kostenlos vorgewärmt, aber
nicht immer auf seine frühere Temperatur. Dem Unterschiede
entspricht der Wärmeverlust. Soweit durch ihn die Verbrennungstemperatur zu sehr leidet, wäre für Gas und Luft
besondere Vorwärmung zu schaffen. Für billiges Generatorgas
kann sie sich unter Umständen lohnen und würde bei dessen
Verbrennung die gleichen Temperaturen entwickeln lassen,
wie sie mit festen oder flüssigen Brennstoffen zu erzielen sind.

Zur Besprechung seien einmal die folgenden Generator-
gase 1, 2 und 3 aus Koks angenommen.

Annahme 1. Das Generatorgas enthalte keine Kohlensäure und keinen Wasserstoff; es setzt sich dann zusammen aus:

$$34,7 \text{ Rt. CO} + 65,3 \text{ Rt. } N_2 = 100 \text{ Rt.}$$

Bildungswärme von 1 cbm $0,347 \cdot 1302 = 452$ WE oder

$$\frac{452 \cdot 100}{0,347 \cdot 4336} = 30,1\%$$

vom Heizwerte des Kohlenstoffes.

Temperatur des Generatorgases:

$$\frac{452}{1 \cdot 0,34} = 1330^0 \text{ C.}$$

Annahme 2. Das Generatorgas enthalte 5% Kohlensäure und keinen Wasserstoff; Zusammensetzung alsdann:

$$5 \text{ Rt. } CO_2 + 26,6 \text{ Rt. CO} + 68,4 \text{ Rt. } N_2 = 100 \text{ Rt.}$$

Bildungswärme von 1 cbm:

$$0,05 \cdot 4336 + 0,266 \cdot 1302 = 563 \text{ WE}$$

oder

$$\frac{563 \cdot 100}{(0,05 + 0,266) \cdot 4336} = 41,7\%$$

vom Heizwerte des Kohlenstoffes.

Temperatur des Generatorgases:

$$\frac{563}{0,05 \cdot 0,57 + 0,95 \cdot 0,34} = 1610^0 \text{ C.}$$

Dieses Gas würde etwa beim »trockenen« Generatorbetriebe erhalten werden, während das kohlensäurefreie
Gas nach 1) zwar der Theorie entspricht, in Wirklichkeit
jedoch nicht zu erreichen ist.

Annahme 3. Generatorgas aus »nassem« Generatorbetriebe, wie in den vorigen Abschnitten angegeben.

Zusammensetzung (s. o.):

$$5\% \text{ CO}_2 + 29\% \text{ CO} + 9\% \text{ H}_2 + 57\% \text{ N}_2$$
$$= 100\% + 0,037 \text{ Rt. Dampf.}$$

Bildungswärme, auf 1 cbm trockenes Generatorgas bezogen:

361 WE

oder

24,5%

vom Heizwerte des Kohlenstoffs.

Temperatur des Generatorgases:

$$\frac{361}{0,05 \cdot 0.50 + 0,95 \cdot 0,33 + 0,037 \cdot 0,45} = 1010^0 \text{ C.}$$

Das 1330° C und 1610° C heiße Generatorgas des »trok-
kenen« Generatorbetriebes nach 1) und 2) kann durch Strahlung und Leitung besonders viel Wärme verlieren, nämlich
nach 2) bis 41,7% vom Heizwerte des Brennstoffes, dagegen
das Gas des nassen Generatorbetriebes nur 24,5%. Ein Teil
der Wärme ist bei letzterem Gase in der chemischen
Energie des gewonnenen Wassergases aufgespeichert
und wird in dieser Form verlustlos befördert. Bei
der Verbrennung des Generatorgases bildet sich die dem Generator zugeführte Wasserdampfmenge zurück, wobei ebensoviel Wärme frei wird, wie dem Generator durch die Zer-
setzung des Wasserdampfes entzogen wurde.

Den Vorzügen der Wassergaserzeugung im Generator,
nämlich neben Verminderung der Strahlungsverluste Schutz
des Rostes und Zermürbung der Schlacken, steht ein Nachteil in dem Umstande gegenüber, daß der dem Generator

zugeführte und im Ofen zurückgebildete Wasserdampf einen Teil der Verbrennungswärme aufnimmt. Dieser Nachteil wird jedoch oft überschätzt, und zwar dadurch, daß man gewöhnlich nur die rechnerische Verbrennungstemperatur der Gase des trockenen und des nassen Generatorbetriebes vergleicht. Letztere wird dann niedriger gefunden als erstere. Es ergeben sich dafür unter Vernachlässigung der Strahlungsverluste die folgenden Werte, bei denen der Wärmegewinn in der Rekuperation durch Vorwärmung der Ober- und Unterluft in beiden Fällen zu 1564 WE eingesetzt sei, wie am Schlusse dieses Abschnittes berechnet. Diese Wärme ist den bei der Verbrennung von 1 kg Kohlenstoff freiwerdenden 8090 WE hinzuzufügen, so daß dem Ofen auf 1 kg Kohlenstoff 8090 + 1564 = 9654 WE zugeführt werden.

Das Generatorgas nach Annahme 2 liefert dann eine rechnerische Verbrennungstemperatur von

$$\frac{9654}{8,9 \ (0,21 \cdot 0,67 + 0,79 \cdot 0,37)} = 2506^0 \ C;$$

das Generatorgas nach Annahme 3, bei dem 1 kg Kohlenstoff von 0,71 cbm Dampf begleitet wird:

$$\frac{9654}{8,9 \ (0,21 \cdot 0,64 + 0,79 \cdot 0,36) + 0,71 \cdot 0,57} = 2332^0 \ C.$$

Der Unterschied der beiden rechnerischen Temperaturen von 2506—2332 = 170⁰ C wird aber ermäßigt, wenn die höheren Strahlungsverluste des Generatorgases nach Annahme 2 in die Rechnung eingesetzt werden.

Bliebe aber selbst für das Generatorgas nach Annahme 2 eine höhere Verbrennungstemperatur, so wäre dies doch praktisch ziemlich bedeutungslos, weil die höchsten Hitzen, die bei der Verbrennung des Generatorgases zu erreichen sind, in Wirklichkeit nur selten angewandt werden, und zwar nur da, wo das Brenngut von der heißen Flamme unmittelbar berührt wird. Kein feuerfester Stein hält den erreichbaren höchsten Temperaturen auf die Dauer stand. Die in der Industrie üblichen Flächentemperaturen übersteigen gewöhnlich nicht 1400⁰ C und werden bei vernünftiger Behandlung der Feuerung auch mit dem Gase des nassen Generatorbetriebes

leicht erzielt. Es ist dabei sogar oft Sorge zu tragen, daß
unzulässig hohe Temperaturen nicht auftreten. Deshalb wird
das Generatorgas meist mit langer Flamme allmählich verbrannt, und wo dieses Mittel nicht genügt, sogar Luft oder
Oxyd abgezweigt, um den Feuergasen erst nachträglich wieder
zugeführt zu werden.

An der Wärmeübertragung im Ofen beteiligt sich natürlich auch der heiße Wasserdampf; sein Wärmeinhalt ist daher
nur bei der Temperatur verloren, mit der die Feuergase den
Ofenraum verlassen. Bei beispielsweise 1000⁰ C würde der
Wasserdampf

$$\frac{0,71 \cdot 0,45 \cdot 1000 \cdot 100}{8090} = 4,0\,\%$$

vom Heizwerte des Kohlenstoffes entführen.

Dieser Betrag kommt aber der Rekuperation noch teil-
weise zugute. Gehen aus dieser die Rauchgase mit 500⁰ C
ab, so beträgt der schließliche Wärmeverlust durch den Wasserdampf nur

$$\frac{0,71 \cdot 0,40 \cdot 500 \cdot 100}{8090} = 1,8\,\%$$

vom Heizwerte des Kohlenstoffes.

Jedoch soll sich die dem Generator zugeführte Dampfmenge in bescheidenen Grenzen halten, da große Dampfmengen unvollständig in Wassergas übergeführt und nur
schaden würden.

Die Menge des Dampfes kann unmittelbar bestimmt werden
entweder durch Ermittelung des für den Generator verdampften
Wassers oder sie kann, wo dies nicht möglich ist, durch Blenden
geregelt werden, wie auf S. 105 beschrieben. (Vgl. auch S. 52.)

Der besprochene Wärmeverlust erhöht sich, wenn der
Dampf nicht als solcher dem Generator zugeführt, sondern
erst auf dem Generatorroste aus dem benutzten Kühlwasser
entsteht. Auf 1 kg Kohlenstoff hatten wir 0,71 cbm = 0,57 kg
Wasser angenommen; es verbraucht zu seiner Erwärmung
und Verdampfung 0,57 · 600 = 342 WE oder

$$\frac{342 \cdot 100}{8090} = 4,2\,\%$$

5*

vom Heizwerte des Kokses, die der Feuerung entzogen werden. Durch Vorwärmung der Unterluft kann der Verlust ausgeglichen werden.

Beim trockenen und nassen Generatorbetriebe ist, worauf H. Bunte[1]) hingewiesen hat, das Mengenverhältnis der Oberluft zur Unterluft verschieden, weil zur Verbrennung des im Generator erzeugten Wassergases Oberluft nötig ist; jedoch bleibt die Summe von Ober- und Unterluft bei theoretischer Verbrennung stets gleich.

Auf 1 kg Kohlenstoff werden theoretisch verlangt

nach Annahme 1:

$$\frac{\frac{0{,}347}{2} + 0{,}653}{0{,}347 \cdot 0{,}536} = 4{,}45 \text{ cbm Oberluft}$$

und ebensoviel, also $\qquad$ 4,45 cbm Unterluft;

nach Annahme 2:

$$\frac{\frac{0{,}266}{2} \cdot \frac{100}{21}}{(0{,}05 + 0{,}266) \cdot 0{,}536} = 3{,}75 \text{ cbm Oberluft}$$

und

$$\frac{0{,}05 + \frac{0{,}266}{2} + 0{,}684}{(0{,}05 + 0{,}266) \cdot 0{,}536} = 5{,}15 \text{ cbm Unterluft;}$$

nach Annahme 3: (s. o.) 4,9 cbm Oberluft
und 4,0 » Unterluft.

Dadurch, daß beim nassen Betriebe die Oberluftmenge größer ist als die Unterluftmenge, nimmt die Oberluft besonders viel Wärme auf, und zwar beispielsweise durch Vorwärmung auf 800° C

nach Annahme 1:

$$\frac{4{,}45 \cdot 0{,}32 \cdot 800 \cdot 100}{8090} = 14{,}1 \%,$$

---

[1]) Journ. f. Gasbel. 1880, S. 432 u. 1904, S. 315.

nach Annahme 2:

$$\frac{3{,}75 \cdot 0{,}32 \cdot 800 \cdot 100}{8090} = 11{,}9\%,$$

nach Annahme 3:

$$\frac{4{,}9 \cdot 0{,}32 \cdot 800 \cdot 100}{8090} = 15{,}5\%$$

vom Heizwerte des Kohlenstoffes.

Das Mehr an wiedergewonnener Wärme beträgt also beim nassen Generatorbetriebe 1,6 bis 3,6% und gleicht den Wärmeverlust durch den heißen Wasserdampf wieder aus.

Wenn aber dieser Gewinn erzielt werden soll, so muß die Rekuperation groß genug sein, um auch die vermehrte Oberluftmenge des nassen Generatorbetriebes auf die gleiche Temperatur zu bringen, wie die geringere des trockenen. Durch den Versuch läßt sich feststellen, in welchem Umfange diese Bedingung erfüllt wird.

Wird jedoch außer der Oberluft auch die Unterluft vorgewärmt, so fällt dieser Mehrgewinn fort, da die Summe von Ober- und Unterluft, wie bemerkt, für den nämlichen Brennstoff dieselbe ist. Nimmt dabei die Oberluft mehr Wärme auf, so fehlt diese bei der Erwärmung der Unterluft, die also auf geringere Temperatur gebracht wird. Deshalb ist die von der Ober- und Unterluft aufzunehmende Gesamtwärme für den trockenen und nassen Generatorbetrieb theoretisch dieselbe; sie beträgt, auf Grund des nassen Betriebes berechnet:

$$4{,}9 \cdot 0{,}32 \cdot 800 + 4{,}0 \cdot 0{,}31 \cdot 250 = 1564 \text{ WE}$$

auf 1 kg Kohlenstoff = 19,3% von dessen Heizwert, wenn die Oberluft 800° C und die Unterluft 250° C heiß ist.

Auf den ersten Blick scheint es ein Widerspruch zu sein, dem Generator durch die Unterluft Wärme zuzuführen, die ihm durch Wasserdampf wieder zu entziehen ist, um die Temperatur im Generator nicht zu hoch werden zu lassen. Die auf 250° C erwärmte Unterluft bringt auf 1 kg C einen Gewinn von $4{,}0 \cdot 0{,}31 \cdot 250 = 310$ WE, oder von 3,8% vom Heizwerte des Kohlenstoffs.

Diese 310 WE sind in die chemische Energie des Wassergases umzuwandeln. 1 cbm Wasserdampf verlangt zum Zerfall in Wassergas . . . . 2590—1302 = 1288 WE

Eigenwärme der entstehenden 2 cbm Wassergas

beim Verlassen.des Generators mit 1000° C . . .   660   »

Gesamtwärme für 1 cbm Wasserdampf . . . . . 1948 WE

Somit sind auf die von der Unterluft mitgebrachten 310 WE 310:1948 = 0,16 cbm Wasserdampf nötig, die bei einer Abgangstemperatur des Ofens von 1000° C

$$0,16 \cdot 0,45 \cdot 100 = 72 \text{ WE}$$

entführen oder nur 0,9% vom Heizwerte des Kohlenstoffs. Der durch die Unterluftvorwärmung erzielte Wärmegewinn kommt also der Heizung zu $\frac{3}{4}$ zugute.

Die Wärmebilanz des Generatorofens.

Die Beziehungen, durch welche die in einem Generatorofen sich abspielenden Wärmevorgänge miteinander verbunden sind, werden am besten an der vollständigen Wärmebilanz eines Ofens verständlich. Dafür sind von Fall zu Fall sorgfältige Untersuchungen nötig. Auf den gefundenen Werten baut sich dann die Berechnung auf, die schließlich zu einer klaren Übersicht über die Wärmevorgänge führen soll.

Versuchswerte:

Wir wollen für unser Beispiel einmal die folgenden Annahmen machen:

Generatorgas.

Zusammensetzung:

$$5\% \, CO_2 + 29\% \, CO + 9\% \, H_2 + 57\% \, N_2 = 100\%;$$

Auf 1 cbm »trockenes« Generatorgas seien gefunden: 0,03 kg unzersetzter Dampf = 0,037 cbm.

Temperatur am Eingang Ofen: 1000° C.

Rauchgas.

Zusammensetzung am Eingang der Rekuperation:

$$19\% \, CO_2 + 3,3\% \, CO + 77,7\% \, N_2 = 100\%.$$

Zusammensetzung am Ausgang der Rekuperation:
$$18\% \, CO_2 + 3\% \, O_2 + 79\% \, N_2 = 100\%.$$

Temperatur am Eingang der Rekuperation . . 1000^0 C.
Temperatur am Ausgang der Rekuperation . . 450^0 C.
Oberluft. Temperatur 800^0 C.
Unterluft und Dampf. Temperatur 250^0 C.

Berechnete Werte:

Generatorgas.

Bildungswärme von 1 cbm »trockenem« Generatorgas nach S. 55 361 WE.

Wärmeinhalt am Eingang Ofen, aus der Temperatur des Generatorgases berechnet, daher auch »thermometrische« Wärme genannt,

$$(0{,}05 \cdot 0{,}51 + 0{,}95 \cdot 0{,}33 + 0{,}037 \cdot 0{,}45) \cdot 1000 = 344 \text{ WE}.$$

Verbrennungswärme nach S. 55 1113 WE.

Rauchgas.

Auf 21 Rt. CO_2 kommen nach S. 53 7,8 Rt. Wasserdampf.
Wärmeinhalt, auf 1 cbm »trockenes« Rauchgas bezogen,

a) am Eingang der Rekuperation:

$$0{,}19 \cdot 0{,}50 + 0{,}81 \cdot 0{,}33 + 0{,}078 \cdot \frac{19 + 3{,}3}{21} \cdot 0{,}45 \Big) \cdot 1000 = 399 \text{WE}.$$

Hierzu kommt die Verbrennungswärme des
Kohlenoxyds . . . . . . 0,033·3034 $\quad = \underline{100 \text{ WE}}$
$$499 \text{ WE}$$

b) am Ausgang der Rekuperation:

$$\Big(0{,}18 \cdot 0{,}44 + 0{,}82 \cdot 0{,}31 + \frac{0{,}078 \cdot 18}{21} \cdot 0{,}39 \Big) \cdot 450 = 162 \text{ WE}.$$

Oberluft. Wärmeinhalt von 1 cbm . $0{,}32 \cdot 800 = 256$ WE
Unterluft. » » » . $0{,}31 \cdot 250 = 78$ WE
Dampf. » » » . $0{,}38 \cdot 250 = 90$ WE

Diese Zahlen aber sind nur **vergleichbar**, wenn sie **auf die gleiche Einheit** bezogen werden. Als solche möge

das Kilogramm Kohlenstoff gelten mit einer Verbrennungswärme von 8090 WE.

Auf 1 kg Kohlenstoff berechnen sich:

$$\frac{1}{(0{,}05 + 0{,}29)\cdot 0{,}536} = 5{,}5 \text{ cbm trockenes Generatorgas;}$$

$$\frac{1}{(0{,}19 + 0{,}033)\cdot 0{,}536} = 8{,}4 \text{ cbm trockenes Rauchgas am}$$
Eingang der Rekuperation;

$$\frac{1}{0{,}18\cdot 0{,}536} = 10{,}4 \text{ cbm trockenes Rauchgas am}$$
Ausgang der Rekuperation.

Die Unterluftmenge ergibt sich aus dem Stickstoff-
gehalt des Generatorgases; im Generatorgas befinden sich
bei 57% N_2 (s. o.) $5{,}5 \cdot 0{,}57 = 3{,}2$ cbm Stickstoff, die entsprechen:

$$3{,}2\cdot\frac{100}{79} = 4{,}0 \text{ cbm Unterluft.}$$

Die Oberluft wird gefunden aus dem Unterschied des
Stickstoffgehaltes von Rauchgas und Generatorgas. Das
Rauchgas enthält bei 77,7% Stickstoff (s. o.) $8{,}4 \cdot 0{,}777$
$= 6{,}5$ cbm Stickstoff; auf die Oberluft entfallen hiervon
$6{,}5 - 3{,}2 = 3{,}3$ cbm Stickstoff, entsprechend

$$3{,}3\cdot\frac{100}{79} = 4{,}2 \text{ cbm Oberluft.}$$

Schließlich kommen auf 1 kg Kohlenstoff:

$(0{,}09 + 0{,}037) \cdot 5{,}5 = 0{,}71$ cbm Dampf $= 0{,}57$ kg Dampf.

Aus diesen Werten ist die Wärmebilanz getrennt für
Generator, Ofen und Rekuperation aufzustellen.

Der Generator.

	Wärme	
	auf 1 kg Kohlenstoff	% vom Heizwerte des Kohlenstoffs
Bildungswärme des Generatorgases 5,5 · 361	1986 WE	24,4%
Zugeführte Wärme durch		
die Unterluft 4,0 · 78	312 »	3,9 »
den Dampf 0,71 · 90	64 »	0,8 »
Gesamtwärme	2362 WE	29,1%
Wärmeinhalt des 1000° C heißen		
Generatorgases 5,5 · 344 . . .	1892 »	23,4 »
Verlust im Generator	470 WE	5,8%

Bei den Öfen mit wagrechten und schrägen Retorten der Gasanstalten werden die Generatoren mit glühendem Koks beschickt, wie er die Retorten verläßt. Darin liegt ein Wärmegewinn: Ist der Koks 900° C heiß, so führt er dem Generator 900 · 0,37 = 333 WE zu oder, falls der Koks 10% Asche enthält,

$$\frac{333 \cdot 100}{8090 \cdot 0,9} = 4,6\%$$

vom Heizwert des Kokses. Diese Wärme ist bei der Benützung heißen Kokses in die Bilanz einzustellen.

Der Ofen.

	Wärme	
	auf 1 kg Kohlenstoff	% vom Heizwerte des Kohlenstoffs
Verbrennungswärme des Generatorgases 5.5 · 1113	6121 WE	75,6%
Wärmeverlust durch die 1000° C heißen Abgase 8,4 · 499	4192 »	51,8 »
	1929 WE	23,8%
Hinzu kommt die Eigen- wärme des 1000° C heißen Generatorgases (s. o.)	1892 WE	23,4%
der 800° C heißen Oberluft 4,2 · 256	1075 » 2967 WE	13,3 » 36,7%
An den Ofenraum ab- gegeben	4896 WE	60,5%

Die Rekuperation.

	Wärme	
	auf 1 kg Kohlenstoff	% vom Heizwerte des Kohlenstoffs
Wärmeinhalt der Rauch- gase am Eingang (s. o.) . .	4192 WE	51,8%
Ausgang 10,4 · 162 .	1685 »	20,8 »
An die Rekuperation ab- gegeben	2507 WE	31,0%
Hiervon gewonnen durch Vorwärmung der Oberluft (s. o.)	1075 WE	13,3%
der Unterluft (s. o.)	312 »	3,9 »
des Dampfes (s. o.)	63 »	0,8 »
durch Erzeugung des Dampfes 0,57 · 600 .	342 » 1792 »	4,2 » 22,2 »
Verloren durch Leitung und Strahlung der Rekuperation . . .	715 WE	8,8%

Diese Berechnungen beziehen sich nur auf die durch die Verbrennung des Kokses entwickelte Wärme; sie berücksichtigen aber nicht den Verlust, der durch den in der Schlacke verbleibenden und unverbrannten Koks entsteht. Er betrage beispielsweise 22% des gesamten Schlackefalles; auf 78 kg reine Schlacke kommen also 22 % Brennbares, das verloren ist, oder auf beispielsweise 10% Asche im Koks $\frac{10 \cdot 22}{78 \cdot 0{,}90} = 3{,}3\%$ von dem dem Generator zugeführten Koks. (Vgl. Abb. 3.) Verbrannt werden somit $100 - 3{,}3 = 96{,}7\%$ des Feuerungskokses. Es kann auch der Feuerungsaufwand unter Umständen nicht ganz unwesentlich sein, der bei zu häufigem und lange dauerndem Abschlacken dadurch entsteht, daß bei geöffneten Generatortüren ein Überschuß an Generatorgas erzeugt wird, das unverbrannt durch den Ofen zieht. Man wird sich hierüber im Einzelfalle klar werden müssen.

Der Brennstoffverbrauch wird vielfach als »Unterfeuerung« bezeichnet und auf das Gewicht des Brenngutes bezogen. In Gaswerken spricht man beispielsweise von 14% Unterfeuerung, wenn 14 kg Koks zu verfeuern sind, um 100 kg Kohlen zu entgasen. Der Aufwand an Unterfeuerung verteilt sich bei obigen Annahmen beispielsweise wie folgt:

In der Schlacke bleiben $14 \cdot 0{,}033 = $ . . . . . 0,46 kg Koks
Von den restlichen $14 - 0{,}46 = 13{,}54$ kg Koks
    sind nötig:

Für den Wärmeverlust des Generators	5,7 % oder $13{,}54 \cdot 0{,}057 = 0{,}77$ » »
Für die vom Ofenraum verlangte Wärme	60,5% » $13{,}54 \cdot 0{,}605 = 8{,}19$ » »
Für den Wärmeverlust der Rekuperation	8,8% » $13{,}54 \cdot 0{,}088 = 1{,}19$ » »
Für die Erzeugung des Rostkühldampfes	4,2% » $13{,}54 \cdot 0{,}042 = 0{,}57$ » »
Für den Wärmeverlust durch die zum Fuchs ziehenden 450° C heißen Gase	20,8% » $13{,}54 \cdot 0{,}208 = 2{,}82$ » »

Gesamte Unterfeuerung . . 100,0%   14,00 kg Koks

Glühwärme und Gesamtwärme.

Die an den Ofenraum abgegebene Wärme vollzieht den Glühvorgang unter gleichzeitiger Deckung der Strahlungsverluste des Ofenraums.

Die Kenntnis der Glühwärme ist einerseits wichtig zur Berechnung dieser Strahlungsverluste, die sich durch den Versuch kaum feststellen lassen. Anderseits gibt die Glühwärme allein darüber Auskunft, ob der Glühvorgang auch wirtschaftlich durchgeführt wird oder mit einer unter Umständen maßlosen Verschwendung an Brennstoff.

Mir ist ein Fall bekannt, bei dem die Glühwärme nur $1/6$ der Gesamtwärme ausmachte. Da bei geeigneter Einrichtung mit etwa 50% Nutzwirkung auszukommen war, wären nur $2/6$ des verfeuerten Brennstoffes aufzuwenden gewesen; es gingen also $4/6$ verloren. Ein solcher Zustand aber ist nur klar zu erkennen, wenn die reine Glühwärme berücksichtigt wird. Man ist jedoch über sie gewöhnlich nicht unterrichtet. Entweder hält man sie der Rechnung nicht für zugänglich, weil die Reaktionswärmen und die spezifischen Wärmen der beteiligten Stoffe bei hohen Temperaturen oft nicht oder nicht genügend bekannt sind, oder man hält den Laboratoriumsversuch zur Feststellung der Glühwärme für zu schwierig und ungenau. Restlose Genauigkeit aber braucht nicht einmal verlangt zu werden. Die ungefähre Kenntnis der Glühwärme genügt oft, um sich ein brauchbares Bild über die reine Nutzwirkung der Heizung zu machen.

Es sei beispielsweise die bei der Erzeugung des Leuchtgases zur Entgasung bzw. Verkokung der Kohle nötige Wärme besprochen. Karl Otto[1] hat zur Prüfung der Verkokungswärme einen kleinen elektrisch beheizten Ofen benutzt, der jedesmal mit 65 g Kohle beschickt wurde. Es wurden von trokkener Kohle, auf 100 kg bezogen, verbraucht:

$$\text{bei } 840^0 \text{ C.} \ldots \ldots \text{ 65\,200 WE}$$
$$\text{» } 930^0 \text{ C.} \ldots \ldots \text{ 72\,000 »}$$
$$\text{» } 1020^0 \text{ C.} \ldots \ldots \text{ 76\,500 »}$$

[1] Dr.-Ing.-Dissertation, Breslau 1914.

Hierunter ist nur die Glühwärme ohne Strahlung zu verstehen, also die Wärme, die für die bloße Aufspaltung der Kohle nötig ist, zuzüglich der Wärme, die in den heißen Erzeugnissen der Entgasung: Koks, Gas, Teer und Wasserdampf steckt. Die Aufspaltungswärme war nicht bei allen Versuchen gleich und bewegte sich etwa um 30000 WE. Darunter befindet sich auch die Wärme, die bei der Entstehung des Gases zur Überwindung der äußeren Arbeit gebraucht wird; sie beträgt auf 100 kg Kohlen, die 30 cbm Gas liefern, nur

$$30 \cdot \frac{10\,333}{427} = 720 \text{ WE,}$$

und bedarf keiner besonderen Erwähnung.

Ich bin geneigt, die Ottoschen Befunde für zu hoch zu halten. Bei einem von der Lehr- und Versuchs-Gasanstalt Karlsruhe an einem Dessauer Vertikalofen (Modell 1910) angestellten Versuche[1]) wurden nämlich auf 100 kg Kohlen nur 11,8 kg Koks verfeuert, der 12,4% Asche enthielt und einen Heizwert von 6980 WE hatte. Um die Wärmemenge kennenzulernen, die hierbei dem Ofen zugute kam, ist von dem dem Generator zugeführten Koks der in der Schlacke bleibende abzuziehen. Enthielt die Schlacke 25% brennbare Teile, so wurden auf 100 kg Feuerungskoks nach Seite 14 und Abbildung 3

$$\frac{12,4 \cdot 25}{75 \cdot 0,876} = 4,7 \text{ kg}$$

Koks verloren oder auf 11,8 kg Unterfeuerung 11,8 · 0,047 = 0,5 kg Koks. Verbrannt wurden somit 11,8—0,5 = 11,3 kg Koks, die dem Ofen 11,3 · 6980 = 79000 WE zuführten, und zwar zur Entgasung von 100 kg Kohlen.

Nach Otto hätte, wenn man einmal nur die von ihm benutzte geringste Entgasungstemperatur von 840° C einsetzt, die

---

[1]) Journ. f. Gasbel. 1910, S. 5.

Entgasung der Kohle 65200 WE erfordert, oder

$$\frac{65\,200 \cdot 100}{79\,000} = 82\%$$

der im vorliegenden Falle dem Ofen zugeführten Wärme. Die restlichen 18% genügen aber kaum, um die Abwärme der Rauchgase zu decken, so daß für die Strahlung des Ofens keine Wärme mehr übrigbliebe.

Umgekehrt dürfte die Zahl, die die reine Rechnung für die Entgasungswärme liefert, zu niedrig sein, da anzunehmen ist, daß die Aufspaltung der Kohle in der Tat Wärme verlangt. Die Rechnung ist auch unsicher aus mangelnder Kenntnis des Wärmeinhalts der beteiligten Stoffe. Immerhin sei die Rechnung zum Vergleiche durchgeführt. Für Koks und Gas mögen die Wärmekapazitäten gelten, die in den obigen Abschnitten schon genannt wurden. Für Teer und seine Dämpfe seien die gleichen Verdampfungs- und spezifischen Wärmen wie für Wasser eingesetzt. Der Koks verlasse die Retorte mit 1000° C, die Gase und Dämpfe mögen 450° C heiß sein. In der Vertikalretorte wird aber nicht allein Kohlengas sondern auch Wassergas erzeugt, und zwar am Schlusse der Entgasung. Das Wassergas sei 800° C heiß. 1 cbm davon verlangt zu seiner Entstehung nach der Gleichung

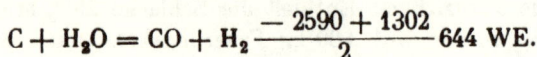

$$C + H_2O = CO + H_2 \quad \frac{-2590 + 1302}{2} \quad 644 \text{ WE.}$$

Die Eigenwärme des Wassergases beträgt bei 800° C 1·0,33·800 = . . 264 »
etwa 20% des Wasserdampfes bleiben
  unzersetzt; er entführt bei 800° C
  0,12·0,45·800 = ... 43 »
1 cbm Wassergas beansprucht insge-
  samt . . . . 951 WE

Die von der Lehr- und Versuchs-Gasanstalt am Dessauer Ofen erhaltenen 11,8% Unterfeuerung konnte ich bei einer Wiederholung des Versuches bestätigen. Ich fand auf 100 kg Kohlen eine Ausbeute von 36,1 cbm Mischgas (0° C) bei 11,4% Unterfeuerung, wobei der Koks 9,1% Asche enthielt und einen

Heizwert von etwa 7300 WE hatte. Nehmen wir für die Schlacke wieder 25% brennbare Teile an, so enthielt sie

$$\frac{9{,}1 \cdot 25}{75 \cdot 0{,}909} = 3{,}3\%$$

vom Feuerungskoks oder, auf 11,4 kg Unterfeuerung bezogen, $11{,}4 \cdot 0{,}03 = 0{,}4$ kg Koks, wonach zur Entgasung von 100 kg Kohlen $11{,}4 - 0{,}4 = 11{,}0$ kg Koks wirklich verbrannt und $11{,}0 \cdot 7300 = 80\,000$ WE entwickelt wurden.

Die Ausbeute an Koks betrug 65 kg, an Teer und Gaswasser schätzungsweise 6 und 8 kg. Dann kommen auf

den Koks $65 \cdot 0{,}37 \cdot 1000 = \ldots$	24 050 WE
das Kohlengas $32 \cdot 0{,}32 \cdot 450 = \ldots$	4 610 »
das Wassergas $4 \cdot 951 = \ldots$	3 800 »
die Verdampfung von Teer und Wasser $14 \cdot 600 = \ldots$	8 400 »
die Erhitzung der Teer- und Wasserdämpfe $14 \cdot \dfrac{22{,}4}{18} \cdot 0{,}40 \cdot 450 = \ldots$	3 140 »

Zur Entgasung von 100 kg Kohlen sind nötig . . . . 44 000 WE

das sind $\dfrac{44\,000 \cdot 100}{80\,000} = 55\%$ der im vorliegenden Falle aufgewandten Gesamtwärme.

Man wird diesen rechnerischen Betrag für die Entgasungswärme als niedrigsten, den von Otto durch den Versuch ermittelten als Höchstwert einsetzen dürfen. Im gleichen Umfang ist unsere Kenntnis der strahlenden Wärme des Ofens unsicher. Die Strahlung beträgt, da auf die heißen Abgase und die Erzeugung des Rostkühldampfes rd. 25% Wärme entfallen, für Generator, Ofen und Rekuperation im gegebenen Falle zusamme nhöchstens $100 - (55 + 25) = 20\%$ der entwickelten Wärme und wäre bei Annahme der von Otto ermittelten Entgasungswärme Null. Der Mittelwert beider Befunde ergibt eine Näherung, nach der die Strahlungsverluste im Verhältnis zu denen anderer Öfen gering sind. Da beim angeführten

Versuche keine Wärmebilanz des Ofens durchgeführt wurde, blieb die Verteilung der Strahlung unbekannt.

Obige Betrachtungen lassen sich sinngemäß auf jeden anderen Glühvorgang anwenden. Sie zeigen im Verein mit den rechnerischen Erwägungen der vorhergehenden Abschnitte und den Ausführungen des praktischen Teiles dieser Schrift, in welcher Richtung und in welchem Umfange von Fall zu Fall Ersparnisse an Brennstoff zu erwarten sind.

Anhang.

Das Kesselhaus.

Die Wichtigkeit der Dampfkesselfeuerung sowie der Umstand, daß auf sie viele Bemerkungen in den seitherigen Abschnitten, wie etwa über die Verbrennungserscheinungen, über Temperatur- und Zugmessungen und über Gasanalysen ohne weiteres übertragbar sind, boten die Veranlassung, die vorliegende Schrift auch auf das Kesselhaus auszudehnen.

Die bestehende Knappheit an Brennstoffen enthält die ernste Mahnung zum sparsamen Verbrauch, auch mit Rücksicht auf die allmähliche Erschöpfung der vorhandenen Kohlenschätze, die sich ja nicht mehr ergänzen lassen, sondern dauernd abnehmen. Ein wesentliches Mittel zur Brennstoffersparnis wird man in der Belehrung der Leute erblicken dürfen, die mit der Überwachung der Feuerung betraut sind. Starre Vorschriften reichen freilich nicht aus. Es ist vielmehr nötig, nicht nur Maßnahmen zu treffen, sondern auch sie zu begründen. Der Aufseher und auch der Feuerarbeiter sollen ihren Dienst nicht gedankenlos versehen, sondern sollen über Ursache und Wirkung ihrer Handlungen nicht im Zweifel sein. An Wärmeberechnungen braucht man bei dieser Unterweisung natürlich nicht zu denken. Man wird sich über die Richtung, in der sich die Belehrung zu bewegen hat, wohl am besten klar durch die beiden Fragen: Welches ist die Höchstleistung einer Feuerungsanlage und wie ist sie dauernd erzielbar?

Die Dampfkesselleistung und ihre Beurteilung.

Unter der Leistung eines Dampfkessels wird die stündlich erzeugte Dampfmenge verstanden, und zwar im Verhältnis zur Heizfläche des Kessels und zum verfeuerten Brennstoff.

Die erzeugte Dampfmenge wird festgestellt durch Messung des verdampften Wassers. Meist begreift man darunter das dem Kessel zugeführte Wasser. Darin liegt jedoch eine Ungenauigkeit, über deren Größe man sich von Fall zu Fall klar werden muß. Es geht nämlich vom Kesselwasser ein Teil beim Ablassen der Kessel und durch undichte Hähne verloren. Die Verdampfung ist dann in Wirklichkeit niedriger als sie durch die Wassermessung festgestellt wird.

Die Heizfläche ist die von den Feuergasen bestrichene Kesselfläche; sie wird in qm angegeben. Nicht in Betracht kommt hierbei die Heizfläche des Dampfüberhitzers. Die erzeugte Dampfmenge wird auf 1 qm Heizfläche und Stunde bezogen. Hat ein Kessel beispielsweise 74,5 qm Heizfläche und werden 1400 kg Wasser stündlich verdampft, so kommen auf 1 qm Heizfläche 1400 : 74,5 = 18,8 kg Wasser bzw. Dampf. Diese Ziffer heißt auch die »Belastung« oder »Beanspruchung« des Kessels.

Unter dem verfeuerten Brennstoff wird die auf den Rost gebrachte Brennstoffmenge, deren Gewicht festzustellen ist, verstanden. Werden auf die soeben angegebenen 1400 kg erzeugten Dampf 200 kg Brennstoff verfeuert, so kommen auf 1 kg Brennstoff 1400 : 200 = 7,0 kg Dampf. Man spricht dann von 7facher Verdampfung und nennt diese Zahl die »Verdampfungsziffer«.

Die Verdampfungsziffer steht mit der Belastung des Kessels insofern im Zusammenhang, als sie meist um so höher ist, je geringer der Kessel beansprucht wird. Die geringen Mengen Feuergase, die bei einem schwach beanspruchten Kessel dessen Züge verhältnismäßig langsam durchströmen, haben hierbei reichlich Zeit, ihre Wärme an die Kesselwände zu übertragen. Die Feuergase treten infolgedessen mit niedriger Temperatur in den Fuchs ein. Bis zu 18 kg Dampf auf 1 qm Heizfläche stündlich dürfen als zulässige Beanspruchung gelten. Darüber hinaus wird man in vielen Fällen von einer Überlastung sprechen dürfen, die mit einer Verminderung der Verdampfungsziffer verknüpft ist. Die Verdampfungsziffer ist von großer wirtschaftlicher Bedeutung. Wird beispielsweise mit dem nämlichen Brennstoffe in einem Falle eine 6fache, im anderen Falle etwa infolge sorgfältigerer Feuerung eine 8fache Verdampfung erzielt und kostet 1 kg Brennstoff 32 Pf., so sind auf 1 kg Dampf auszugeben:

bei 6facher Verdampfung 32 : 6 = 5,3 Pf.,

» 8 »   »   32 : 8 = 4,0 »

an Brennstoff oder auf täglich 100 t Dampf

bei 6facher Verdampfung M. 5300,

dagegen

» 8 »   »   M. 4000.

Dem täglichen Unterschiede von 5300 — 4000 = M. 1300 entspricht eine jährliche Ersparnis von nahezu M. ½ Mill.

Die Verdampfungsziffer findet unter sonst günstigsten Verhältnissen ihre obere Grenze in dem Heizwert des Brennstoffes. Der Heizwert ist die Wärmemenge, die bei der Verbrennung von 1 kg Brennstoff entwickelt wird, und beträgt beispielsweise für Steinkohlen etwa 7500 Wärmeeinheiten (WE), für Rohbraunkohlen etwa 2500 WE. Die Wärmemenge, die zur Erzeugung von 1 kg überhitztem Dampf von beispielsweise 300° C und 8 Atm. nötig ist, beträgt 720 WE.[1]) Dieser Betrag bezieht sich auf die Verwendung kalten Wassers zur Dampferzeugung. Wird aber das Kesselspeisewasser, wie üblich, angewärmt, und zwar etwa um 80° C, so werden dadurch 80 WE erspart. Für 1 kg Dampf sind dann im Kessel noch 720 — 80 = 640 WE aufzuwenden. Also könnten mit 1 kg Steinkohle 7500 : 640 = 11,7 kg Dampf rechnerisch gewonnen werden. In Wirklichkeit aber geht ein Teil von der Verbrennungswärme der Steinkohle durch die zum Schornstein ziehenden heißen Feuergase verloren, sowie durch die Wärmeleitung und Strahlung der heißen Kesselwand; auch Verluste durch Flugstaub und durch den mit der Schlacke aus der Feuerung ausgeräumten Brennstoff sind zu beachten. Setzen wir diesen Gesamtverlust einmal zu 30 %, den Wärmegewinn also zu 70 % ein, so haben wir in Wirklichkeit eine 11,7 · 0,70 = 8,2fache Verdampfung zu erwarten.

---

[1]) Berechnet nach der bekannten Formel: 606,5 + 0,305 t_1 + 0,48 ($t_1{}'$ — t_1). t_1 ist die Sättigungstemperatur, die zum vorhandenen Dampfdruck gehört, $t_1{}'$ die Temperatur des überhitzten Dampfes. Für 8 Atm ist t_1 = 174° C.

Bei der Verschwendung, die eine unzulässig niedrige Verdampfungsziffer bedeutet, ist es die Hauptaufgabe des Kesselhauses, möglichst viel Dampf aus 1 kg Brennstoff zu gewinnen. Dieses Ziel wird erreicht, wenn bei geeigneter Einrichtung des Kessels die Feuerung vernünftig bedient und durch Reinhaltung der Kesselfläche für eine gute Übertragung der auf dem Roste erzeugten Wärme an das Kesselwasser gesorgt wird.

Die Bedienung und Überwachung der Dampfkesselfeuerung.

Die Bedienung der Kesselfeuerung besteht in der Beschickung des Rostes mit Brennstoff, der Regelung der Luftzufuhr und des Kesselzuges, sowie der Beseitigung der Schlacke.

Der Brennstoff soll den Rost lückenlos bedecken und an allen Stellen gleichmäßig verbrennen. Auf dem ganzen Roste soll eine lebhafte Glut herrschen. Sie schwächt sich nur gegen die Oberfläche der Brennstoffschicht ab, weil ja der frisch aufgeworfene Brennstoff nicht gleich, sondern allmählich glühend wird. Der Wärmeentzug durch den frisch aufgeworfenen Brennstoff kann das Feuer geradezu ersticken. Bei der Steinkohlenfeuerung zeigt sich dann über der Brennstoffschicht ein dichter Qualm, der in mächtigen Rauch- und Rußschwaden den Schornstein verläßt und verursacht ist durch die Gase und Teerdämpfe, die die Steinkohlen bei ihrer Erwärmung abgeben. Der Heizer kann diesen Zustand durch allmähliches Aufstreuen des Brennstoffes auf den Rost mildern oder vermeiden. Stets ist der frische Brennstoff in so dünner Schicht nachzutragen, daß noch reichlich Flammen durch ihn hindurchschlagen und dadurch die Möglichkeit geschaffen ist, Ruß und Rauch zu verbrennen und ihren Wärmewert dem Kessel zugute kommen zu lassen.

Die Verbrennungsluft wird dem Roste durch den Schornstein- bzw. Kesselzug zugeführt. Der Kesselzug ist der im letzten Heizkanal des Kessels kurz vor dem Kesselschieber gemessene Unterdruck. Er schwächt sich bis zum Roste ab, gemäß dem Widerstande, den die strömenden Feuergase in den Kesselzügen finden. Große Zugunterschiede weisen auf Verstopfungen in den Heizkanälen hin.

Unter dem Einfluß des über dem Roste herrschenden Unterdruckes tritt die Verbrennungsluft durch Rost und Brennstoff hindurch. Da die Dampfmenge von der verfeuerten Brennstoffmenge und diese vom Kesselzug bzw. dem Unterdruck über dem Roste abhängt, muß der Kesselzug den jeweiligen Anforderungen an Dampf bequem angepaßt werden können und der Kesselschieber daher leicht beweglich sein. Er soll nicht weiter als unbedingt nötig geöffnet sein. Wenn der höchst erreichbare Kesselzug nicht genügt, um die erforderlichen Brennstoffmengen zu verfeuern, etwa bei grusigen Brennstoffen, so wird die Zugwirkung durch Gebläse unterstützt, die die nötigen Luftmengen durch den Rost hindurchpressen. (Vgl. S. 107.) Auch die Gebläseluft muß leicht regelbar sein.

Die Verbrennungsluft sucht sich beim Durchgang durch den Rost den bequemsten Weg und verteilt sich nur gleichmäßig bei gleichmäßiger Schüttung des Brennstoffes. Trägt eine Roststelle wenig oder lockeren Brennstoff, so findet an ihr die Luft den kleinsten Widerstand. Es tritt dann an dieser Stelle viel Luft durch den Rost hindurch. Der auf ihr liegende Brennstoff wird schnell aufgezehrt und die Roststelle dadurch frei vom Brennstoff. Diese Brennstofflücken sind für die Feuerung äußerst bedenklich. Die sie durchströmende Luft wird nämlich nicht mehr verzehrt, dient also nicht der Verbrennung; sie nimmt vielmehr Wärme aus den Feuergasen auf und führt dadurch zu großen Feuerungsverlusten. Dem Zustande kann vorgebeugt werden durch rechtzeitiges Nachfeuern und richtiges Verteilen des frischen Brennstoffes. Freiliegende Roststellen sind erst mit glühendem Brennstoff zu überdecken, weil sonst der frische Brennstoff sich auf dem Roste nicht entzünden und daher nicht verbrennen würde.

Wesentlich unterstützt wird die Wirkung der Feuerung durch rechtzeitige, schnelle und sachgemäße Beseitigung der Schlacken. Als Beispiel möchte ich die Koksgrusfeuerung herausgreifen. Bei ihr liegt kurz vor dem Abschlacken auf dem Roste eine Schicht von etwa 20 cm Höhe, deren unteren Teil die entstandene Schlacke in Form eines flachen verbackenen

Kuchens bildet. Auf dem Schlackekuchen soll eine reichliche Menge gut durchglühten Gruses vorhanden sein. Zum Abschlacken wird dieser Grus mit einer Kratze zur Seite geschoben und dann der Schlackekuchen mit einem Haken herausgeholt. Auf dem dadurch freigewordenen Roste wird der in der Feuerung verbleibende Koksgrus ausgebreitet und so eine neue glühende Unterlage geschaffen, auf die der frische Brennstoff aufgeworfen wird. Ohne weiteres ist ersichtlich, daß die Feuerung vollkommen versagen muß, wenn der vor dem Abschlacken vorhandene glühende Koksgrus nicht ausreicht, um nach dem Abschlacken die ganze Rostfläche mit einer glühenden Schicht zu überdecken und dadurch das Anbrennen des frischen Gruses zu sichern.

Sorgsam ist auch darauf zu achten, daß mit der Schlacke wenig Brennstoff ausgeräumt wird. Die sonst möglichen Verluste können, wie schon auf S. 14 und in Abb. 3 ausgeführt, sehr hoch werden und die Verdampfungsziffer empfindlich schädigen.

Ein Übelstand beim Abschlacken ist auch die große Luftmenge, die hierbei durch die geöffneten Feuertüren hindurch in die Kesselzüge strömt. Sie kühlt den Kessel stark ab und schadet infolgedessen der Verdampfung. Deshalb werden beim Abschlacken die Kesselschieber stark gedrosselt. Das gleiche hat mit etwa vorhandener Gebläseluft zu geschehen.

Unter Berücksichtigung dieser allgemeinen Gesichtspunkte sind die Feuerungsmaßnahmen im einzelnen verschieden. Die Anordnungen, die für die verschiedenen Brennstoffe, wie Steinkohle, Koks, Braunkohle, Torf und Holz und die ihnen angepaßten verschiedenen Rostausführungen bei der jeweils verlangten Kesselleistung zu treffen sind, erstrecken sich im wesentlichen auf die Zugstärke, mit der die Feuerung zu betreiben ist, die Häufigkeit und Art der Brennstoffzufuhr zum Roste und die Verteilung des Brennstoffes auf ihn die Schütthöhe des Brennstoffes und die Häufigkeit und Art des Abschlackens. Im Zweifelfalle entscheidet ein sorgfältiger Versuch. Die hierbei festgestellten günstigsten Heizungsbedingungen sind dann im Dauer-

betriebe gewissenhaft einzuhalten. Ihre Befolgung
liegt ja auch im Nutzen des Heizers selbst, der sich durch ge-
nügende Aufmerksamkeit auf die Feuerung viel Arbeit erspart: Er braucht dem Roste weniger Brennstoff zuzuführen
und ihn seltener abzuschlacken.

Die Ergebnisse der Kesselfeuerung sind laufend
zu überwachen. Ihr Erfolg drückt sich in der besprochenen

Verdampfungsziffer

aus. Ohne ihre gewissenhafte Ermittlung wird jede Beurteilung
der Kesselfeuerung hinfällig. Brennstoffmenge und ver-
dampfte Wassermenge müssen zu diesem Zwecke
bekannt sein. Der Brennstoff wird vorteilhaft auf auto-
matischen Wagen gewogen, die durch einen Kontrollwagen
von bestimmtem Gewicht beliebig oft auf ihre Richtigkeit
geprüft werden können. (Vgl. auch S. 46). Die Anordnung
ist so zu treffen, daß kein Brennstoff ungewogen ins Kesselhaus gelangen kann. Nicht minder wichtig ist die Messung
des verdampften Wassers. Bewährt hat sich dafür eine
Vorrichtung, die aus 2 Gefäßen besteht. Während das eine
Gefäß sich mit Wasser füllt, entleert sich das andere. Die
Umschaltung des Wasserzu- und Abflusses regelt eine Kipp-
vorrichtung. Sie ist mit einem Zählwerk verbunden, das mit
der Zahl der entleerten Wassergefäße die Menge des den
Kesseln zugeführten Wassers angibt. Es wird darin verdampft,
soweit es nicht beim Ablassen der Kessel oder durch undichte
Hähne oder Ventile verloren wird. Über den Umfang dieses
Verlustes muß man sich jeweils klar sein.

Die Verdampfungsziffer allein genügt jedoch zu einem
erschöpfenden Urteil über die Feuerung nicht, da sie nur
den reinen Gewinn angibt, nicht aber auch die Verluste,
von denen der Gewinn begleitet und abhängig ist. Gelingt es,
diese Verluste kennenzulernen und zu ermäßigen, so läßt
sich im gleichen Umfange die Verdampfungsziffer erhöhen.
Die

Feuerungsverluste

entstehen zunächst durch mangelhafte Verbrennung oder
übermäßige Luftzufuhr. Beide Fälle können durch die gas-

analytische Untersuchung der Feuergase (vgl. Abschnitt »Die Gasanalyse«) entschieden werden. Mangelhafte Verbrennung äußert sich in dem Gehalt der Schornsteingase an Kohlenoxyd, Wasserstoff und Kohlenwasserstoffen. Kohlenoxyd und Wasserstoff bilden sich bei hohen Feuerschichten nach dem Vorgange, der im Abschnitt »Der Generator« besprochen wurde. Kohlenwasserstoffe entstehen aus Steinkohle, Braunkohle, Torf und Holz bei der Entgasung dieser Brennstoffe gleich nach dem Aufbringen auf den Rost. Begleitet sind sie von Teerdämpfen und Ruß. Nach den Untersuchungen von H. Bunte[1]) ergibt sich für Steinkohle, daß mit dem sichtbaren Ruß auch die Menge der unsichtbaren Gase steigt und fällt. Das Aussehen des den Schornstein verlassenden Qualms gewährt daher bei Steinkohlen eine bescheidene Schätzung der Wärmeverluste durch unverbrannte Gase; andere Fälle können nur durch die chemische Untersuchung der Feuergase aufgeklärt werden, doch sind diese Untersuchungen recht schwierig und unter Umständen nur gewichtsanalytisch genau durchführbar. Man wird sich daher in diesen Fällen vielfach wohl oder übel auf die durch Übung und Erfahrung gewonnene Beurteilung des Feuerungszustandes beschränken müssen.

Zusammensetzung der Abgase					Verlust durch Unverbranntes				
CO_2 %	CO %	H %	O %	N %	durch Gase WE	durch Ruß WE	in % des Heizwertes Gase	Ruß	Gase u. Ruß zus.
I. 14,62	2,07	1,00	2,07	80,25	790	491	10,7	6,7	17,4
II. 14,29	0,85	0,60	3,20	81,06	411	364	5,5	4,8	10,3
III. 14,01	0,62	0,19	3,92	81,26	226	176	3,2	2,5	5,7
IV. 10,22	0,22	0,07	8,57	80,92	126	136	1,6	1,8	3,4

Dagegen läßt sich bei vollkommener Verbrennung der Schornsteinverlust bequem ableiten allein aus der Menge der Feuergase, die bei der Verbrennung entstehen, und der Temperatur, mit der sie den Kessel verlassen. Zur Ermittlung genügt die Feststellung des Kohlensäuregehalts der Feuergase (vgl. den Abschnitt über »Die chemischen Vor-

---

[1]) H. Bunte, Zur Beurteilung der Leistung von Dampfkesseln und Dampfmaschinen vom chemischen Standpunkte aus. Verlag von R. Oldenbourg, München, Seite 16.

gänge in der Feuerung*). Es ist verständlich, daß um so weniger Wärme zum Schornstein zieht, je weniger Feuergase aus 1 kg des gleichen Brennstoffes entstehen. Ein Rauchgas möge 14% Kohlensäure (CO_2) enthalten. In 1 cbm Kohlensäure sind 0,536 kg Kohlenstoff gebunden. Also kommen auf 1 cbm dieses Rauchgases $0,14 \cdot 0,536 = 0,075$ kg Kohlenstoff, wonach aus 1 kg Kohlenstoff erhalten werden $1 : 0,075 = 13,3$ cbm Feuergase. Wenn wir nun noch die Temperatur kennen, mit der die Feuergase den Kessel verlassen, so ist es uns möglich, den Schornsteinverlust der Feuerung zu berechnen. Sind die Gase im Fuchs beispielsweise 300° C heiß, so entführt 1 cbm von ihnen

$$0,14 \cdot 0,43 \cdot 300 = \quad 18 \text{ WE}$$
$$0,86 \cdot 0,31 \cdot 300 = \quad 80 \text{ »}$$
$$\overline{1 \text{cbm} \qquad\qquad = \quad 98 \text{ WE}}$$

oder die berechneten 13,3 cbm $98 \cdot 13,3 = 1303$ WE; dies auf 1 kg Kohlenstoff, dessen Verbrennung 8090 WE liefert. Verlust somit $\dfrac{1303 \cdot 100}{8090} = 16,1\%$ vom Heizwert des Kohlenstoffs. Bei der Berechnung des Schornsteinverlustes kann man auch ausgehen von der Wärmemenge, die bei der Entstehung von 1 cbm CO_2 frei wird. Sie beträgt 4336 WE. Auf 1 cbm Rauchgas mit 14% Kohlensäure werden somit $4336 \cdot 0,14 = 607$ WE entwickelt. Die 98 WE, die nach Obigem auf 1 cbm Rauchgas verloren werden, machen hiervon $\dfrac{98 \cdot 100}{607} = 16,1\%$ aus, genau wie oben gefunden.

Es läßt sich ohne weiteres berechnen, daß bei 7% CO_2 die Menge der Feuergase 26,6 cbm betrüge, also doppelt so groß und der Schornsteinverlust bei gleicher Abgangstemperatur der Feuergase doppelt so hoch wäre.

Die gasanalytische Prüfung der Feuergase und die Messung ihrer Temperatur haben stets an einer gemeinsamen Stelle gleichzeitig stattzufinden, zweckmäßig im letzten Heizzug des Kessels.

Obige Berechnung gilt streng genommen nur für die Verbrennung von Kohlenstoff (etwa Koks) und ist für wasserstoffhaltige Brennstoffe zu erweitern.

Für Steinkohle ergeben sich beispielsweise folgende Beziehungen, wobei angenommen sei, daß ihre wasser- und aschefreie Substanz 82,5 % C + 5,5 % H + 12 % O enthält, also $5,5 - \frac{12}{8} = 4\%$ disponiblen Wasserstoff. Bei der Verbrennung von 1 kg brennbarer Substanz entstehen:

$$\text{auf } 0,825 \text{ kg C} = \frac{22,4 \cdot 0,825}{12} = 1,54 \text{ cbm } CO_2$$

$$\text{auf } 0,055 \text{ kg H} = \frac{22,4 \cdot 0,055}{2} = 0,61 \text{ cbm } H_2O\text{-Dampf.}$$

Der Sauerstoffverbrauch zur Verbrennung beträgt:

für 1,54 cbm CO_2 . . . . = 1,54 cbm O_2

♦ 0,040 kg disp. Wasserstoff $= \frac{0,040 \cdot 22,4}{2 \cdot 2} = 0,22$ cbm O_2

$\overline{ \text{1,76 cbm } O_2.}$

Dem Sauerstoff entsprechen an Stickstoff der

Verbrennungsluft $1,76 \cdot \frac{79}{21}$ . . . . = 6,62 cbm N_2.

Somit enthält das Rauchgas aus 1 kg brennbarer Substanz

1,54 cbm CO_2	=	18,9 % CO_2
6,62 cbm N_2	=	81,1 % N_2
8,16 cbm	=	100,0 %
+ 0,61 cbm H_2O-Dampf	=	7,5 Rt. H_2O-Dampf,

dies bei theoretischer Verbrennungsluftmenge.

Der Heizwert von 1 kg brennbarer Substanz beträgt:

$$8090 \cdot 0,825 + (0,055 - \frac{0,12}{8}) \cdot 29000 = 7834 \text{ WE}$$

Es entstehen hierbei 1,54 cbm CO_2. Auf 1 cbm CO_2 werden somit 7834 : 1,54 = 5087 WE frei.

Hiernach werden bei der Verbrennung von Steinkohle auf 1 cbm Rauchgas mit beispielsweise 14 % CO_2 5087 · 0,14 = 712 WE entwickelt. 1 cbm dieses Rauchgases setzt sich zusammen aus:

0,14 cbm CO_2

$\dfrac{\text{0,86 cbm } O_2 + N_2}{\text{1,00 cbm}}$ $+ \dfrac{0,075 \cdot 0,14}{0,189} = 0,06$ cbm H_2O-Dampf

und hat bei 300 °C einen Wärmeinhalt von

$$(0,14 \cdot 0,43 + 0,86 \cdot 0,31 + 0,06 \cdot 0,38) \cdot 300 = 104 \text{ WE,}$$

entsprechend einem Wärmeverlust von

$$\frac{104 \cdot 100}{712} = 14,6 \%. \text{ vom verfeuerten Brennstoff.}$$

Die Schornsteinverluste, die bei völliger Verbrennung des Brennstoffes abhängig vom Luftüberschuß und der Temperatur der Feuergase sich einstellen, können nach dem Kohlensäuregehalt der Abgase und ihrer Temperatur

für Kohlenstoff aus der Abb. 12,

» Steinkohle » » » 13

abgelesen werden. Die Werte der graphischen Darstellungen sind in der vorstehenden Weise berechnet und ergeben beispielsweise folgende Wärmeverluste für 500 °C und für

	6	8	10	12	14	16 % CO_2
bei Kohlenstoff	61,0	45,4	37,2	31,1	26,9	23,8 %
bei Steinkohle	53,4	40,2	33,1	28,1	24,4	21,9 %

vom Heizwerte des Brennstoffs. Für alle Zahlen wurden der Einfachheit halber die konstanten Wärmekapazitäten benutzt, und zwar die für 300° C gültigen Werte ($CO_2 = 0,43$, H_2O-Dampf $= 0,38$, permanente Gase $= 0,31$).

Der Einfluß eines nicht allzu hohen Wassergehalts des Brennstoffes auf die Wärmeverluste durch die Abgase ist gering, wie im Abschnitt »Die Ermittlung des Feuerungsverbrauchs« ausgeführt wurde.

Solche Versuche und Berechnungen sind jedoch nur dann von Nutzen, wenn ihnen die *Mittelwerte* der Zusammensetzung der Abgase und ihrer Temperatur zugrunde liegen. Diese Mittelwerte lassen sich nur durch eine Reihe von Beobachtungen finden, die sich am besten gleichmäßig auf die Zeit von einem Schlacken zum andern verteilen. Selbsttätige Kohlensäurebestimmungsapparate haben sich gut bewährt. Auf den Befunden läßt sich dann die

Wärmebilanz

des Kessels aufbauen, die darüber unterrichtet, welche Maßnahmen zur Verbesserung der Feuerung zu ergreifen sind. In die Bilanz sind hierbei noch einzusetzen die Verluste durch Flugstaub sowie durch die Wärmestrahlung des Kessels. Erstere lassen sich oft unmittelbar feststellen, während die Wärmestrahlung sich bei der prozentigen Zusammenstellung der Wärmewerte als Unterschied zu 100 ergibt.

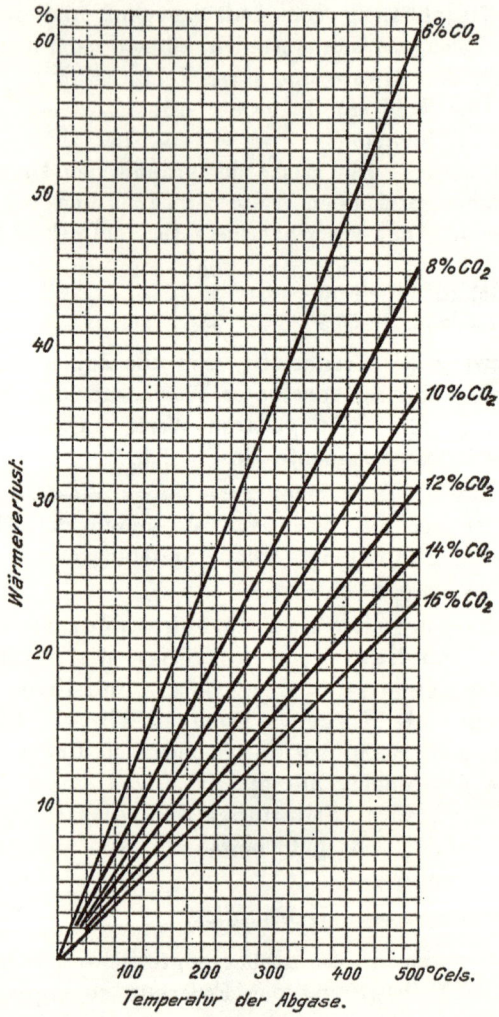

Abb. 12. .

Schornsteinverluste bei der Verfeuerung von Kohlenstoff (etwa Koks).

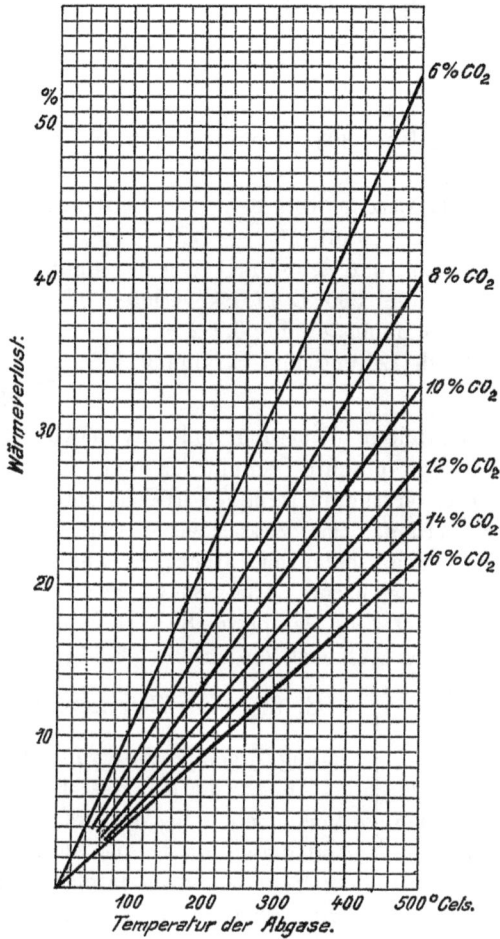

Abb. 13.

Schornsteinverluste bei der Verfeuerung von Steinkohle.

Der verfeuerte Brennstoff habe einen Heizwert von 7500 WE. Ausgenutzt werden zur Erzeugung von beispielsweise 8,2 kg Dampf (s. S. 83)

$8,2 \cdot 640 = 5248$ WE $=$ 70,5%
     Verloren gehen

im Flugstaub z. B. 2,0%
im Schlackefall bei 30% Brennbarem (s. S. 14   5,8%
und Abb. 3)

     Hiernach werden von dem der Feuerung zugeführten Brennstoff $100 - (2,0 + 5,8) =$ 92,2% verbrannt und davon mit den Abgasen bei 12% CO_2 und 300° C 17,0% verloren oder vom gesamten Brennstoff $17 \cdot 0,922 =$ 15.7%
Verluste durch Leitung und Strahlung . . .   6,0%
                                                       100,0%

Durch sorgfältige Feuerung soll mit möglichst wenig Brennstoff der gewünschte Dampfdruck und die gewünschte Überhitzung des erzeugten Dampfes erreicht und gleichmäßig beibehalten werden. Das Kesselspeisewasser ist möglichst hoch vorzuwärmen, schon mit Rücksicht auf die dadurch erzielbare Wärmeersparnis. Bei 80° C werden gegenüber kaltem Wasser auf 1 kg Dampf rd. 80 WE erspart, oder auf 1 kg Brennstoff bei 8,2facher Verdampfung $8,2 \cdot 80 = 656$ WE,

dies sind $\dfrac{656 \cdot 100}{7500} = $ rd. 9% vom Heizwerte des Brenn-

stoffes. Für diese Erwärmung ist genug Abdampf meist kostenlos vorhanden. Durch die Abhitze der den Kessel verlassenden Feuergase läßt sich die Vorwärmung des Wassers noch wesentlich steigern. Der Vorteil dieser Maßnahme wird jedoch in Frage gestellt, wenn der Schornsteinzug infolge dieser Einrichtung zum Kesselbetriebe nicht mehr ausreicht. Bei allen Vorwärmern ist die Heizfläche reichlich zu bemessen, da das Wasser schon bei seiner Erwärmung Kesselstein ausscheiden und dadurch die Heizflächen verkrusten kann. Es kann daher zweckmäßig sein, das Wasser zunächst zu seiner später beschriebenen Reinigung vorzuwärmen und erst das gereinigte Wasser zu überhitzen.

Die Kesselheizfläche ist innen und außen möglichst rein zu halten. Zu diesem Zwecke ist der Kessel durch zeitweiliges Ablassen von Schlamm und so oft wie nötig vom Kesselstein zu befreien und seine Außenwand von Ruß und Flugasche zu reinigen.

Der bauliche Zustand des Kessels muß in Ordnung sein; insbesondere sind Undichtheiten, die »falsche Luft« eintreten lassen oder die Verteilung der Gase in den Feuerzügen benachteiligen könnten, zu beseitigen.

Die gesetzlichen Überwachungsvorschriften sind natürlich streng zu beachten. Die Kesselbücher, d ren Rubriken die Werksleitung bestimmt, sind sorgfältig zu führen. Die täglichen Feuerungsergebnisse müssen den zuständigen Meistern und Aufsehern stets geläufig sein. Unstimmigkeiten sind sofort zu klären.

Die Reinigung des Kesselspeisewassers.

Alle natürlichen Wässer enthalten Kalksalze, viele auch Magnesiasalze, und zwar meist als Karbonate und Sulfate. Da diese Salze in Wasser nur wenig löslich sind, scheiden sie sich beim Eindampfen des Wassers nach und nach aus und führen zu einer Verkrustung der inneren Kesselfläche. Der Wärmedurchgang von den Feuergasen durchs Kesselblech zum Kesselwasser wird dadurch stark gehemmt und unter Umständen so weit aufgehoben, daß das Kesselblech glühend und unter der Wirkung des hohen Kesseldruckes zerrissen wird. Einem Kesselbelag von $1\frac{1}{2}$ mm Dicke wird eine Schädigung der Verdampfungsziffer, je nach der Beanspruchung des Kessels, bis zu 13% beigemessen. Das Speisewasser ist daher von seinen Kesselsteinbildnern zu befreien, wenn die Reinigung des Kessels nicht allzu oft stattfinden soll.

Die Kesselsteinbildner werden als die »Härte« des Wassers bezeichnet. Unter einem Härtegrad werden 10 g Kalk (CaO) im cbm Wasser oder 1 mg in 100 ccm Wasser verstanden, die Magnesia wird als Kalk berechnet. Die Gesamthärte des Wassers gliedert sich in die vorübergehende und die bleibende Härte.

Die vorübergehende Härte beruht auf den Bikarbonaten des Kalks und der Magnesia. Beim Kochen des Wassers verlieren sie einen Teil ihrer Kohlensäure, werden dadurch unlöslich und scheiden sich aus dem Wasser aus. Die dann noch im Wasser befindlichen Bildner der bleibenden Härte bestehen aus den Sulfaten des Kalks und der Magnesia, denen die Chloride beigemischt sein können. Der Einfachheit halber sei im folgenden nur von Kalksalzen und nur von Sulfaten gesprochen; das Vorgebrachte gilt ebenso für die Magnesiasalze und die Chloride.

Die Härte des Wassers kann mit Seifenlösung meist brauchbar genau ermittelt werden. Die Bestimmungsweise beruht auf der allgemein bekannten Tatsache, daß hartes Wasser viel Seife verbraucht. Zur Untersuchung des Wassers ist eine Seifenlösung von bekanntem Gehalt nötig, mit der 100 ccm Wasser kräftig geschüttelt werden. Das Ende des Seifenverbrauches zeigt sich in einem dichten Schaum an, der mindestens 1 cm hoch sein und mehrere Minuten lang bestehen bleiben muß; bei erneutem Schütteln darf er nicht verschwinden.

Für die »Seifenlösung nach Clark« gilt folgende Tabelle:

Verbrauchte Seifenlösung	Härtegrad	Verbrauchte Seifenlösung	Härtegrad
3,4 ccm	0,5	28,0 ccm	7,0
5,4 ccm	1,0	29,8 ccm	7,5
7,4 ccm	1,5	31,6 ccm	8,0
9,4 ccm	2,0	1 ccm Seifenlös. = $0,277^0$	
1 ccm Seifenlösung = $0,25^0$		33,3 ccm	8,5
11,3 ccm	2,5	35,0 ccm	9,0
13,2 ccm	3,0	36,7 ccm	9,5
15,1 ccm	3,5	38,4 ccm	10,0
17,0 ccm	4,0	40,1 ccm	10,5
18,9 ccm	4,5	41,8 ccm	11,0
20,8 ccm	5,0	1 ccm Seifenlös. = $0,294^0$	
1 ccm Seifenlösung = $0,26^0$			
22,6 ccm	5,5	43,4 ccm	11,5
24,4 ccm	6,0	45,0 ccm	12,0
26,2 ccm	6,5	1 ccm Seifenlös. = $0,31^0$	

Die gesamte Härte des Wassers kann auf diese Weise ohne weiteres bestimmt werden. Hat das Wasser mehr als 12 Härtegrade, so wird es erst mit destilliertem Wasser verdünnt und die gefundene Härte auf das ursprüngliche Wasser umgerechnet.

Zur Ermittlung der vorübergehenden und bleibenden Härte wird das Wasser ½ Stunde lang gekocht, wobei durch häufiges Zugeben destillierten Wassers das Eindampfen vermieden und die ursprüngliche Menge zum Schlusse wieder hergestellt wird.

Das gekochte Wasser wird abgekühlt, filtriert und dann mit Seifenlösung wie üblich geschüttelt. Die gefundene bleibende Härte des Wassers von der gesamten abgezogen, ergibt die vorübergehende Härte.

Einwandfrei unterrichtet über die Zusammensetzung des Wasser nur seine

chemische Untersuchung,

im vorliegenden Falle mit $^1/_{10}$ normaler Säure (etwa $^1/_{10}$ normaler Salzsäure) und $^1/_{10}$ normaler Sodalösung. Eine Normallösung enthält im Liter das Äquivalentgewicht des gelösten Stoffes in Grammen, eine $^1/_{10}$-Normallösung $^1/_{10}$ des Äquivalentgewichtes. 1 l davon ist, wenn die Möglichkeit chemischer Umsetzungen vorliegt, fähig, das ganze bzw. $^1/_{10}$ Äquivalentgewicht eines anderen Stoffes abzusättigen. Für unsere Zwecke genügt es, zu wissen, daß das Äquivalentgewicht von Kalk (CaO) 28 g beträgt. 1 l einer $^1/_{10}$ normalen Säure kann somit 2,8 g Kalk aufzehren, oder 1 ccm = 2,8 mg.

Die vorübergehende Härte des Wassers besteht aus doppeltkohlensaurem Kalk (Bikarbonat des Kalks), der sich mit Säuren umsetzt.

Zu 100 ccm Wasser fügt man zunächst einige Tropfen einer Methylorangelösung, die erkennen läßt, wann aller Kalk des Wassers durch die Säure aufgezehrt ist. Das Wasser wird durch Methylorange gelb gefärbt. Nach allmählichem Zusatz von $^1/_{10}$ normaler Säure schlägt die gelbe Farbe plötzlich in weinrot um. Dies zeigt das Ende der Reaktion. Wurden bis zu diesem Punkte beispielsweise 4,0 ccm $^1/_{10}$

normaler Säure verbraucht, so entspricht dies $4 \cdot 2,8 = 11,2$ mg Kalk in 100 ccm Wasser, oder $11,2^0$ (vorübergehender) Härte. Diese Bestimmung der vorübergehenden Härte ist also bei großer Genauigkeit noch einfacher als die mit Seifenlösung, weil das Kochen des Wassers fortfällt.

Die chemische Ermittlung der bleibenden Härte verlangt einen kleinen Umweg. Der Gips (Kalziumsulfat) des Wassers ist nämlich mit Säure nicht unmittelbar zu titrieren. Er setzt sich jedoch mit Soda um nach der Gleichung $CaSO_4 + Na_2CO_3 = Na_2SO_4 + CaCO_3$, geht also in kohlensauren Kalk über. Zur Untersuchung werden 500 ccm Wasser mit einem Überschuß an $^1/_{10}$ normaler Sodalösung (beispielsweise 25 ccm) zur trockenen verdampft. Der Rückstand wird mit Wasser ausgelaugt, die Lauge filtriert und dann mit $^1/_{10}$ normaler Säure titriert. Werden etwa 15 ccm der letzteren verbraucht, so wurden vom Gips des Wassers $25 - 15 = 10$ ccm Sodalösung aufgezehrt, was auf 100 ccm $10 : 5 = 2$ ccm ausmachen würde. Bleibende Härte somit $2 \cdot 2,8 = 5,6^0$.

Beim Auslaugen des trockenen Rückstandes ist eine gewisse Vorsicht nötig. Verwendet man dafür zu wenig Wasser, so bleibt Soda ungelöst und die bleibende Härte wird zu hoch befunden. Umgekehrt wird durch zuviel Wasser kohlensaurer Kalk aufgelöst. Letzteres Bedenken läßt sich jedoch durch einen blinden Versuch zerstreuen. Man verdampft dabei 500 ccm Wasser ohne jeden Zusatz und wäscht den trockenen Rückstand genau so aus wie sonst. Der Säureverbrauch des Filtrats wird dann vom sonstigen Säureverbrauch abgezogen. Meist handelt es sich nur um wenige $^1/_{10}$ ccm, die vernachlässigt werden können.

Zur Reinigung des Kesselspeisewassers

dienen meist Ätzkalk und Soda. Der Ätzkalk führt das lösliche Bikarbonat des Kalks in unlösliches einfaches Karbonat über, indem er einen Teil der Kohlensäure an sich nimmt. Der Ätzkalk beseitigt also die vorübergehende Härte des Wassers und ist ihm mindestens in den seiner Härte entsprechenden Mengen zuzusetzen. In unserem Falle wären $4 \cdot 2,8 = 11,2$ mg Ätzkalk auf 100 ccm Wasser oder 112 g

Ätzkalk auf 1 cbm Wasser nötig. Hinzu kommt dann noch ein Kalkbetrag für die freie Kohlensäure des Wassers. Der genaue Bedarf des Wassers an Ätzkalk wird dadurch bestimmt, daß 500 ccm Wasser in einem Literkolben mit Kalklösung von bekanntem Gehalt versetzt und, gut zugedeckt, etwa 1 Stunde lang im Wasserbade auf 70 bis 80° C erwärmt werden. Das Wasser wird dann filtriert und der nicht verbrauchte Teil des Ätzkalks mit $^1/_{10}$ normaler Säure (und Phenolphthalein als Indikator) zurücktitriert.

Von seiner bleibenden Härte wird das Wasser mit Soda befreit. Wie sie sich mit dem Gips umsetzt und ihn als kohlensauren Kalk unlöslich macht und dadurch beseitigt, wurde oben schon angegeben. Desgleichen ergibt sich aus der chemisch ermittelten bleibenden Härte der Sodaverbrauch des Wassers zur Reinigung. 1 ccm $^1/_{10}$ normsale Sodalösung entspricht 5,3 mg Soda. Auf 500 ccm Wasser wurden 10 ccm Sodalösung verbraucht, was auf 1 l Wasser 20 ccm entspricht, die $20 \cdot 5{,}3 = 106$ mg Soda enthalten. Also verlangt 1 cbm des angenommenen Wassers zur Reinigung 106 g Soda (100 proz.). Die gelieferte Soda ist auf ihren Gehalt zu prüfen. Kalzinierte Soda pflegt 90 bis 98 proz. zu sein, Kristallsoda 35 bis 40 proz.

Die Wasserreinigung mit Kalk und Soda ist mit möglichst heißem Wasser auszuführen, da die Umsetzungen in kaltem Wasser zu langsam vor sich gehen und dann Nachfällungen auftreten. Die zur Wasserreinigung dienende Apparatur nehme ich als bekannt an. Es ist darauf hinzuweisen, daß die Zusätze von Kalk und Soda nicht etwa täglich einmal, sondern in jeder einzelnen Arbeiterschicht vorzunehmen sind, um die gleichmäßige Verteilung der Zusätze auf das Kesselspeisewasser zu sichern.

Etwa alle 3 Stunden sind Proben des gereinigten Wassers zu untersuchen. Das gereinigte Wasser soll nur noch 2,5 bis 3,5 Härtegrade, mit Seifenlösung ermittelt haben. Nach H. Bunte[1]) dürfen »100 ccm Wasser mit Phenolphthalein

---

[1]) H. Bunte, Zum Gaskursus. Selbstverlag der Lehr- und Versuchsgasanstalt Karlsruhe.

nur 0,5 ccm, mit Methylorange nur noch weitere 0,5 bis 0,7 ccm $^1/_{10}$ normaler Säure verbrauchen«.

Diese Alkalität des gereinigten Wassers erhöht sich natürlich beim Eindampfen, und ist daher im »Abblase-wasser« der Kessel wesentlich höher als im Speisewasser. Allzu große Alkalität aber kann der Kesselarmatur schaden. Die Erfahrung muß von Fall zu Fall entscheiden, in welchem Umfange das Wasser aus den Kesseln abzulassen ist, um die zulässige Alkalität im Kessel nicht überschreiten zu lassen.

Ein Wasserreinigungsverfahren, das sich in vielen Fällen bewährt hat, ist das mit Hilfe von Permutit[1]). Permutit ist der Handelsname für ein Natrium-Aluminiumsilikat, das fähig ist, sein Natrium gegen den Kalk des Wassers auszu-tauschen. Es entsteht dabei Kalzium-Aluminiumsilikat, das durch Kochsalzlösung wieder in Natrium-Aluminiumsilikat zurückverwandelt wird. Das Permutit befindet sich zu diesem Zwecke in körnigem Zustande in einem Behälter, der von Wasser und Kochsalzlösung abwechselnd durchflossen werden kann.

Anhaltspunkte für den Dampfverbrauch.

Sorgsamkeit im Dampfverbrauch ist von doppeltem Nutzen; unmittelbar erspart sie Dampf, mittelbar verbilligt sie ihn durch Entlastung der Dampfkessel und die dadurch mögliche günstigere Verdampfungsziffer. Der Dampf wird be-nutzt zur Gewinnung mechanischer Energie, zur Erwärmung und zu chemischen Umsetzungen.

Zur Erzeugung mechanischer Energie dienen Dampf-maschinen und Dampfturbinen verschiedenster Bauart. Die Beurteilung ihres Dampfverbrauchs setzt die Kennt-nis ihrer Leistung voraus. Die Leistung einer Maschine wird in Pferdekraftstunden ausgedrückt. Eine Pferdekraft oder Pferdestärke (PS) ist die Arbeit, die nötig ist, um 75 kg in der Sekunde 1 m hoch zu heben, oder = 75 Kilogrammeter in der Sekunde (abgekürzt: 75 kgm/sec).

---

[1]) Dr. H. Vogtherr, Über Permutite, Ztschr. f. angew. Chemie, Aufsatzteil, 1920, S. 241.

Es sei einmal angenommen, ein mittleres Gaswerk habe jährlich 20 000 000 cbm Gas zu befördern, und zwar gegen einen Druck von 600 mm WS (Druckunterschied am Sauger-Ein- und -Auslaß). Wir stellen uns einen in einem Zylinder verschiebbaren Stempel vor von 1 qm Querschnitt, auf dem ein Druck von 600 mm WS = 600 kg lastet. Der Stempel ist um 1 m zu heben, um den auf ihm lastenden Druck um den Raum eines cbm zu überwinden. Dies entspricht einer Arbeit von 600 kgm oder, falls sie in der Sekunde geleistet wird, von $\frac{600}{75} = 8$ PS. Für die gesamte Gasmenge sind somit nötig 20 000 000 · 8 = 160 000 000 PS/sec oder, da eine Stunde 3600 Sekunden hat, $\frac{160\,000\,000}{3600} = 44\,400$ PS/Std. Der Jahresdampfverbrauch der Maschine geteilt durch diese Energiemenge ergibt den mittleren jährlichen Dampfverbrauch der PS/Std. Für die Prüfung der Maschine gilt natürlich allein ihre Leistung in den Versuchsstunden. Der rechnerische Energiebedarf fällt zu niedrig aus, wenn ein Teil des Gases mit Hilfe des bekannten Umlaufreglers einen Kreislauf beschreibt und die Maschine infolgedessen mehr Gas befördern muß als gemessen wird. In Wirklichkeit treten noch hinzu die Energieverluste in Sauger und Maschine.

Der für die PS/Std. nötige Dampfverbrauch hängt außer von der Bauart der Maschine und ihrer Beanspruchung ab von dem Drucke und der Temperatur des Dampfes, ferner von dem Zustande der Maschine.

Der Dampfdruck ist maßgebend für die mögliche Stundenleistung. Der Dampfdruck oder die Spannkraft des Dampfes wird in Atmosphären ausgedrückt. 1 Atm. entspricht dem Drucke einer Quecksilbersäule von 760 mm Höhe oder einer Wassersäule von rd. 10 m Höhe, was gleich ist dem Drucke von 1 kg auf 1 qcm. Beispielsweise werde eine Volldruckmaschine von 30 cm Kolbendurchmesser (= 15 · 15 · 3,14 = 706 qcm Querschnitt) und 30 cm Hub bei 80 minutlichen Touren (= 160 Kolbenhuben) mit Dampf von 8 Atm. betrieben. Auf jeden qcm Kolbenfläche drücken somit 8 kg oder auf den ganzen Querschnitt 8 · 706 = 5648 kg. Der Bewegung des Kolbens um den Hub von 30 cm entspricht eine Arbeit von 5648 · 0,30 = 1694,4 kgm. Bei $\frac{160}{60}$ = 2,66 sekundlichen Kolbenhuben beträgt die sekundliche Leistung

$$1694,4 \cdot 2,66 = 4507 \text{ kgm/sec, die } \frac{4507}{75} = 60 \text{ PS}$$

entsprechen.

Geht die Dampfspannung von 8 Atm. auf 4 Atm. zurück, so drücken auf den Kolben nur 4 · 706 = 2824 kg. Die Maschine leistet dann nur 30 PS. Es sind infolgedessen doppelt so viele Maschinen für die gleiche Leistung zu betreiben.

Der Einfluß von Druck und Temperatur des Dampfes auf den Dampfverbrauch ergibt sich aus der Erwägung, daß für jeden Hub der Zylinder der Maschine um die Hubstrecke mit Dampf zu füllen ist. Im angenommenen Falle sind dafür 706 · 30 = 21180 ccm oder ungefähr 21 l Dampf nötig. 1 l gesättigter Dampf wiegt nach Mollier[1]) bei einem Überdruck von 1 Atm. 1,10 g, von 2 Atm. 1,62 g, von 3 Atm. 2,12 g, von 4 Atm. 2,62 g, von 5 Atm. 3,11 g, von 6 Atm. 3,59 g, von 7 Atm. 4,09 g, von 8 Atm. 4,54 g, von 9 Atm. 5,02 g, von 10 Atm. 5,49 g.

Bei 8 Atm. beansprucht die Zylinderfüllung einer Volldruckmaschine 21 · 4,54 = 95,34 g Dampf, also auf stündlich 160 · 60 = 9600 Füllungen 9600 · 95,34 = 915264 g Dampf, oder 915 kg Dampf. Dies auf 60 PS, also auf die PS/Std. $\frac{915}{60}$ = 15,3 kg Dampf.

Bei 4 Atm. nimmt die 21 l betragende Zylinderfüllung 21 · 2,62 = 55,02 g Dampf auf, woraus sich der Dampfverbrauch für die PS/Std. zu $\frac{9600 \cdot 0,05502}{30}$ = 17,6 kg Dampf berechnet. Halber Dampfdruck würde somit in diesem Falle den Dampfverbrauch für die PS/Std. um 2,3 kg oder um 15% erhöhen. In Wirklichkeit ist der Mehrverbrauch wesentlich

---

[1]) Hütte.

größer. Der angestellte Vergleich gilt nämlich nur mit roher Näherung und berücksichtigt nicht die Verluste der Maschine durch Reibung, Wärmestrahlung und durch die schädlichen Räume der Maschine, auch nicht die Expansionswirkung des Dampfes. Beispielsweise ist bei einer Dampfmaschine mit vierfacher Expansion der Dampfverbrauch für die gleiche Leistung halb so hoch. Die Leistung einer Maschine läßt sich genügend genau nur auf Grund des Indikatordiagramms berechnen.

Der erwähnte Umstand, daß etwa doppelt so viel Maschinen in Betrieb sein müssen, wenn der Dampfdruck halb so hoch als zulässig ist, beweist deutlich den Vorteil des höheren Dampfdrucks. Dieser Vorteil wird vermehrt durch die Überhitzung des Dampfes, die den Dampfverbrauch der Maschine herabsetzt. Dies wird verständlich, wenn wir erwägen, daß bei der Überhitzung des Dampfes sich sein Volumen vergrößert, das Raumgewicht des Dampfes sich also vermindert. Die Zylinderfüllung mit überhitztem Dampfe wiegt infolgedessen weniger als die mit gesättigtem Dampfe. In ähnlichem Verhältnis sinkt der Dampfverbrauch für die PS/Std. Da die Überhitzung des Dampfes und die Erhöhung seiner Spannung nur einen bescheidenen Aufwand an Wärme verlangen, so sind die dadurch erzielten Vorteile fast reiner Gewinn.

Der Dampfverlust durch mangelhaften Zustand der Maschine entzieht sich vielfach jeder Schätzung. Er macht sich am Gange der Maschine nicht bemerkbar und täuscht daher leicht über die mit ihm verknüpfte schwere Schädigung des Betriebes hinweg. Undichte Kolben und undichte Schieber der Maschine können viel Dampf unbenutzt in den Auspuff treten lassen. Wie auch in den vom Verein deutscher Ingenieure aufgestellten Normen betont wird, »läßt sich die Dichtheit der Kolben, Dampfmäntel, Schieber und Ventile usw. nicht durch Indikatormessungen prüfen, sondern durch besondere Versuche an der betriebswarmen Maschine, derart, daß die eine Seite des Kolbens, Ventils usw. bei abgespreiztem Schwungrade mit Dampf belastet wird. Diese Belastung geschieht bei normalem Dampfdruck und die betreffenden Dichtungsflächen sind für undicht zu erachten, wenn der Dampf in anderer Form als in der von feinem Nebel oder Wasserperlen zum Vorschein kommt«.

Ein solcher Versuch gewährt freilich keinen zahlenmäßigen Anhalt für den Mehrverbrauch der undichten Maschine an Dampf. Auch die Messung des Dampfverlustes würde über den gesamten Dampfverbrauch der Maschine keinen Aufschluß geben. Sie ist daher zu ergänzen durch die Messung des der Maschine zuströmenden Dampfes, durch bekannte Dampfmesser, etwa die von Claaszen oder Gehre[1]). Der Claaszensche Dampfmesser besitzt einen Kegel, der durch den Druckunterschied des Dampfes frei schwebend erhalten wird und je nach der Größe dieses Druckunterschiedes einen mehr oder weniger großen Ringquerschnitt freigibt. Der zugehörige Hub des Kegels wird festgestellt. Der Gehresche Dampfmesser mißt den Druckunterschied vor und hinter einem Staurand. Den Nutzen solcher Messungen ergibt die Erwägung, daß beispielsweise eine 50 PS-Auspuffmaschine, die aus irgendeiner Ursache 40 kg Dampf für die PS/Std. braucht, wo mit 25 kg auszukommen wäre, jährlich bei 300 vollen Betriebstagen $(40 - 25) \cdot 50 \cdot 24 \cdot 300 = 5\,400\,000$ kg Dampf im Werte von rd. M. 270000 verschwendet. Ist aber der Fehler der Maschine nachgewiesen, so kann er auch beseitigt werden.

Der Dampfverbrauch der Maschinen für die PS/Std. schwankt außerordentlich. Bei den besten Expansionsmaschinen mit Kondensation geht er auf 5 kg zurück; bei Auspuffmaschinen beträgt er 20 bis 30 kg, kann jedoch, etwa bei Undichtheiten der Maschine, auf ein Mehrfaches davon steigen. Unter diesen Umständen schützt schon die wenigstens ungefähre Messung des Dampfes vor großen Nachteilen.

Wird der Abdampf der Dampfmaschine, etwa zu Heizzwecken, in ein Röhrensystem geleitet und darin verflüssigt, so kann die Menge des Kondenswassers einen guten Anhalt für den Dampfverbrauch der zugehörigen Maschine abgeben.

Die Benutzung des Abdampfes der Dampf-Maschinen zu solchen Heizzwecken ist auch äußerst nützlich. Es wurde oben

berechnet, daß zur Erzeugung von 1 kg Dampf von 300° C und
8 Atm. 720 WE aufzuwenden sind. Werden Temperatur und
Spannung des Dampfes in der Maschine auch vollkommen ausgenutzt, so können durch den Abdampf doch noch 536 WE oder
74% gewonnen werden. Dieser Betrag entspricht nämlich der
latenten Verdampfungswärme des Wassers und wird nutzbar, wenn
1 kg Dampf von 100°C in Wasser von 100°C übergeht.

Natürlich sollte auch jede Möglichkeit benützt werden,
den Abdampf der Maschinen zu chemischen Umsetzungen
und ähnlichen Zwecken (für Abtreibeapparate usw.) zu verwenden, also stets da, wo kein hoher Druck des Dampfes
notwendig ist. (Nach einem Berichte im »Archiv für Wärme-
wirtschaft« — V. d. J. — 1921, Heft 1, ließ die Umstellung
eines Fabrikbetriebes auf zentrale Kraft- und Wärmeversorgung
mit Abdampfausnützung den Brennstoffverbrauch von
2128 t auf 755 t, also um ²/₃, zurückgehen).

Die Bestimmung der Dampfmenge durch Messung des bei völliger Kühlung des Dampfes entstehenden Niederschlagwassers ist stets bequem, wenn
es sich um geringe Dampfmengen handelt. Dies ist beispielsweise der Fall bei Dampfstrahlgebläsen und ganz allgemein
beim Strömen des Dampfes durch enge Düsen. Ich habe
solche Untersuchungen mit gesättigtem Dampf, dessen Temperaturen den nachstehenden Drucken entsprachen, angestellt, und
zwar mit Blenden, die 2, 3 und 5 mm weite zylindrische Öffnungen
hatten und den Dampf ohne Gegendruck ausströmen ließen.
Die Blendenbleche waren 2 mm stark. Der durchtretende
Dampf wurde in einer gekühlten Bleischlange niedergeschlagen,
das benutzte Federmanometer mit der Quecksilbersäule
verglichen. Es wurden folgende Ergebnisse erzielt:

Dampfdruck	0,5	0,6	0,8	1,0	1,5	1,8	2,0	2,5	3,0	Atm.
Blendenweite	gefunden:									
2 mm . . .	2,1	2,4	2,7	3,0	3,8	4,1	4,4	5,3	6,3	
3 mm . . .	4,4	5,1	6,2	7,0	8,9	10,1	10,9	12,6	14,4	kg Dampf stündlich
5 mm . . .	13,1	15,0	17,6	19,1	24,7	28,3	30,0	33,6	—	
	berechnet:									
5 mm . . .	12,2	13,9	17,2	19,4	24,7	27,8	30,3	35,0	40,0	

Die Werte sind in der Abb. 14 graphisch aufgetragen; es zeigt sich für die gewählten Versuchsbedingungen, daß die Dampfmengen proportional dem Querschnitt der Blenden-öffnungen und oberhalb 1 Atm. auch proportional den absoluten Drucken sind[1]).

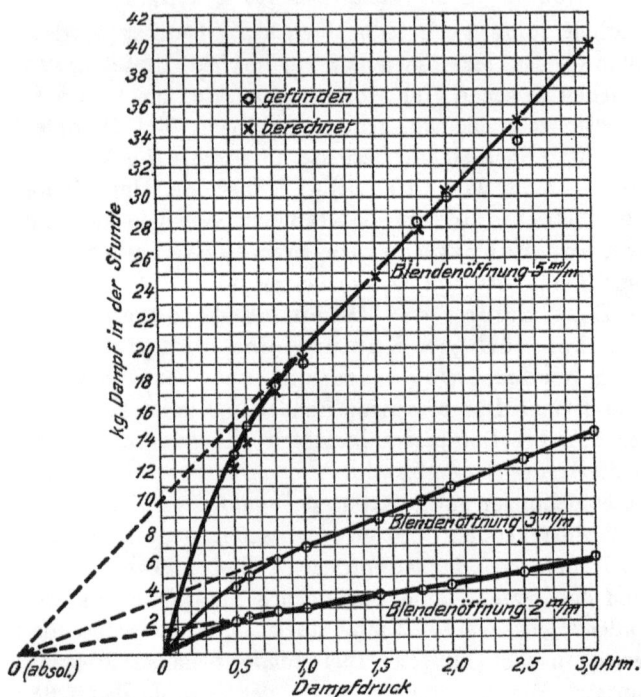

Abb. 14.

Dampfverbrauch von Düsen.

---

[1]) Die sich auf die 5 mm weiten Blenden beziehenden berechneten Werte sind aus den Dampfmengen der 3 mm weiten Blenden abgeleitet. Ferner wurde eine 4 mm weite Blende geprüft; sie nahm auf

$$\text{bei } \frac{1,0}{12,6} \quad \frac{1,5}{15,6} \quad \frac{2,0}{18,8} \quad \frac{2,5}{22,1} \quad \frac{3,0}{24,8} \text{ Atm.} \quad \text{kg Sattdampf.}$$

Zum Vergleich habe ich auch den Dampfdurchgang durch eine 2 mm weite Rotgußdüse festgestellt, wie sie an den mit grusigen Brennstoffen beschickten Kesselrosten verwendet werden kann.

Durch die Düse strömten bei einem Überdruck

von 1,5 Atm. 4,0 kg gesättigter Dampf

» 2,0 » 4,8 » » »

» 2,5 » 5,6 » » »

» 3,0 » 6,5 » » »

Die Werte stimmen mit den obigen brauchbar überein; die geringen Unterschiede liegen an der anderen Form der Düsenöffnung. Die Düsen der untersuchten Roste sind an ein Verteilungsrohr angeschlossen, das 5—6 Atm. Dampfdruck hat. Jeder Kessel hat 8 Düsen, je 4 davon haben ein besonderes Ventil, das abhängig vom Zustande der Feuerung betätigt wird. Nicht immer sind die Ventile ganz geöffnet. Der höchste Düsendruck beträgt daher 6 Atm. oder absolut 7 Atm. Bei 4 Atm. absoluten Druck nimmt die Düse stündlich 6,5 kg auf, also bei 7 Atm. (abs.) $\frac{6,5 \cdot 7}{4} = 11,4$ kg Dampf, oder die 8 Düsen jedes Kessels 91,2 kg Dampf. Stündlich werden 1500 kg Dampf gewonnen, also verbrauchen die Dampfstrahlgebläse etwa $\frac{91,2 \cdot 100}{1500} = 6\,\%$ des erzeugten Dampfes. Mit überhitztem Dampfe arbeiten die Düsen sparsamer. Über den Aufwand an Gebläsedampf sollte man stets unterrichtet sein, da er unter Umständen sehr hoch sein kann.

Statt durch Dampfstrahlgebläse läßt sich die Luft natürlich auch durch Ventilatoren oder dergl. dem Roste zupressen.

Es kann auch nützlich sein, einer Blende, die zur Dampfmessung dient, statt einer weiten Öffnung mehrere enge zu geben, deren Dampfdurchgang bekannt ist. Verlangt beispielsweise ein Vorgang stündlich 300 kg Dampf und beträgt der zur Verfügung stehende Dampfdruck 2 Atm., so ist es bequem und oft genau genug, eine Blende mit 10 Öffnungen von je 5 mm Weite zu benutzen. Aus der obigen Tabelle ergibt sich, daß dann 300 kg Dampf die Blende stündlich durchströmen würden.

Die Verwendung des Dampfes zur Erwärmung und zu chemischen Umsetzungen läßt sich, soweit dafür nicht der Abdampf von Maschinen benützt wird, durch solche Blenden meist bequem überwachen.

Die Blenden und Düsen sind zeitweilig nachzuprüfen, da sie unter der Wirkung des strömenden Dampfes allmählich weiter werden.

Aber auch mittelbare Beobachtungen können von Nutzen sein. Bei den Abtreibeapparaten der Ammoniakfabriken gewährt die Untersuchung der die Kolonnen verlassenden Dämpfe einen guten Anhalt über den Dampfüberschuß. Eine Probe der Dämpfe wird durch einen Kühler hindurch abgesaugt und der Ammoniakgehalt des Kondensats bestimmt. Er gibt ohne weiteres an, wieviel Dampf im Verhältnis zum erzeugten Ammoniak unbenutzt zum Sättiger zieht.

Bei 15% NH_3 im Kondensat gelangen auf 100 kg NH_3 zum Sättiger $\dfrac{(100-15) \cdot 100}{15} = 566$ kg Dampf, bei 10% NH_3 jedoch 900 kg Dampf, also rd. 60% mehr, die vermeidbarer Verlust sind, wenn sich Gaswasser und Abtreibedampf in der Kolonne überall innig genug berühren.

In der Wassergasanlage gewähren Menge und Temperatur des Kühlwassers einen bescheidenen Anhalt für den Dampfverbrauch des Generators, und zwar hauptsächlich deshalb, weil die latente Verdampfungswärme des unzersetzten Dampfes viel Kühlwasser verlangt.

Es sei angenommen, 1 cbm Wassergas von 800°C werde von 1 cbm (= 0,804 kg) Dampf begleitet.

Bei der Abkühlung gibt ab:

1 cbm Wassergas 1 · 0,32 · 800	256 WE
1 cbm Dampf 1 · 0,43 · 800	344 WE
Derselbe Dampf außerdem 0,804 · 536	430 WE
	1030 WE.

Es erhöht sich somit der Kühlwasserbedarf auf das Vierfache des für das Wassergas allein nötigen, dies freilich nur, soweit der Dampf in der glühenden Generatorfüllung überhitzt wird.

Der Dampfverbrauch eines Werkes wird wesentlich beeinflußt durch die Verluste an Dampf infolge von Undichtheiten der Rohrverbindungen, der Ventile und der Kondenstöpfe sowie durch die Kondensation des Dampfes in den Rohrleitungen.

Zumal die Kondenstöpfe können große Verluste bringen. Mündet der Wasserauslaß der Kondenstöpfe ins Freie, so sind diese Verluste wenigstens sichtbar und vermeidlich. Die Kondenstöpfe sollten wegen der an ihnen häufig nötigen Instandsetzungen stets bequem zugänglich und die ihnen entfließenden Wassermengen meßbar sein.

Die Rohrleitungen sind sorgfältig mit einem Wärmeschutz zu überziehen. Ungeschützte Leitungen lassen auf 1 qm Rohrfläche von gesättigtem Dampf von beispielsweise 5 Atm. 4 kg in Wasser übergehen.

Es sollte auf jedem Werk zunächst bekannt sein, wieviel Dampf jeder Rohrstrang verlangt. Anschließend daran sind dann die einzelnen Verbrauchsstellen jedes Stranges zu prüfen. Die Dampfmengen sind zweckmäßig mit der Mengeneinheit des Erzeugnisses ins Verhältnis zu setzen.

„Kogag"

Essen [Ruhr]
Handelshof

Koksofenbau und Gasverwertung
Aktiengesellschaft

Kabelwort: Kogag, Essen
Briefanschrift: Firma Kogag, Postfach 24
Fernruf 165 u. 458
Bankverbindung: Metallbank
Metallurgische Ges. A.-G.
Frankfurt a. M.

baut:

Verbund - Regenerativ - und Abhitzeöfen für Kokereien u. Gaswerke, ferner Benzol- und Ammoniakfabriken, Teerdestillationen usw.

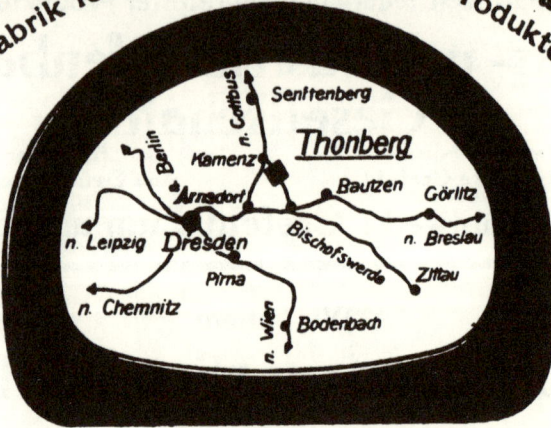

Dampfkesselfabrik
vorm. Arthur Rodberg
A.-G.
Darmstadt

liefert:

Abhitzekessel

zur Ausnützung der Abgase von
Gasmaschinen und Industrieöfen
D. R. P.

mit regulierbarem **Überhitzer** und
Speisewasservorwärmer

Trockentrommeln

zur Ausnützung der Abwärme bis
auf 70° Celsius herunter

*

Stärkste Wirtschaftlichkeit
Kleinster Raumbedarf

(11)

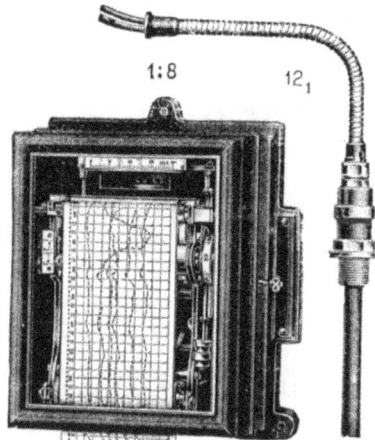

www.ingramcontent.com/pod-product-compliance
Lightning Source LLC
Chambersburg PA
CBHW031447180326
41458CB00002B/682